統計学の基礎

JN040282

Excel
データ分析の全知識

三好大悟 著　堅田洋資 監修

インプレス

はじめに

　本書を手にとった方は、企業で働いているビジネスパーソンが多いでしょうか。またはこれから就職し、ビジネスの世界に飛び込む学生の方もいるかもしれません。

　平成が終わり令和となった今、機械学習や AI、DX（デジタルトランスフォーメーション）といった言葉も流行してきており、多くの企業がデータ活用の重要性や必要性を実感しているでしょう。また昨今は新型コロナ（COVID-19）の影響もあり、日本全体として、IT 化や DX の促進に対して、前向きな兆しが見えつつあるようにも思えます。そんな中、ご自身の業務で少しでもデータ活用をしていきたいと感じている方も多いのではないでしょうか。

　本書は、普段データ分析などはしたことがなく、Excel を軽く使っているような文系ビジネスパーソンを主なターゲットとしています。もしくは、過去に大学の授業などで統計や数学などの学習をしていたが、すっかり忘れてしまっていて、再び学び直しをしつつ、業務に活用したいと考えている方もいるかもしれません。そしてそのような読者の方は、このように思っているのではないでしょうか。

「AI や機械学習といわれても、高度なプログラミング言語を習得するのは難しいのではないか……」
「統計学の考え方は大学で少しだけかじったが、実務ではまったく使っていない……」

「もっと手軽に、データ分析によってビジネスインパクトを出せないのか？」
　本書では、このような不安や疑問を感じている方に向けて、Excel を使ってデータ分析をする方法論を紹介していきます。もちろん、ただ方法論だけを知っていればよいわけではありません。データ分析はあくまで手段です。
「そもそもなぜデータを分析しなければならないのか？」
「目的に応じてどのようなデータ分析をするのがよいのか？」

　上記のような疑問にもできるだけ答えるために、第1章では、データを分析する際に押さえるべき全体像を把握するポイントやフレームワークを紹介しています。第2章以降では、実践的なデータ分析論（ノウハウ）を学んでいきましょう。読者の皆さんが、徐々にレベルアップしていけるように、データ分析の難易度も徐々に上がるようにしてあります。具体的には、まずは第2章〜第3章でデータの集計と可視化、第4章では統計学の登竜門ともいわれる「仮説検定」をじっくり学びます。また第5章で基本的なデータの加工方法を学び、第6章では、こちらも統計学において非常に重要な手法である「線形回帰モデル」を学びます。そして最後に「数理最適化」と呼ばれる実務的にも難易度の高いとされている分野を、Excelを使ってできる範囲で、学んでいきましょう。

三好大悟

●本書は、2021年1月時点の情報をもとにMicrosoft Windows10やExcel2019の操作方法について解説しています。

●本書の発行後にソフトウェアの機能や操作方法、画面などが変更された場合、本書の掲載内容通りに操作できなくなる可能性があります。本書発行後の情報については、弊社のWebページ（https://book.impress.co.jp/）などで可能な限りお知らせいたしますが、すべての情報の即時掲載および確実な解決をお約束することはできかねます。また本書の運用により生じる、直接的、または間接的な損害について、著者および弊社では一切の責任を負いかねます。あらかじめご理解、ご了承ください。

●本書の内容に関するご質問については、該当するページや質問の内容をインプレスブックスのお問い合わせフォームより入力してください。電話やFAXなどのご質問には対応しておりません。なお、インプレスブックス（https://book.impress.co.jp/）では、本書を含めインプレスの出版物に関するサポート情報などを提供しております。そちらもご覧ください。

●本書発行後に仕様が変更されたハードウェア、ソフトウェア、サービスの内容などに関するご質問にはお答えできない場合があります。該当書籍の奥付に記載されている初版発行日から3年が経過した場合、もしくは該当書籍で紹介している製品やサービスについて提供会社によるサポートが終了した場合は、ご質問にお答えしかねる場合があります。また、以下のご質問にはお答えできませんのでご了承ください。

・書籍に掲載している手順以外のご質問

・ハードウェア、ソフトウェア、サービス自体の不具合に関するご質問

　本書に記載されている会社名、製品名、サービス名は、一般に各開発メーカーおよびサービス提供元の登録商標または商標です。なお、本文中には ™ および ® マークは明記していません。

CONTENTS

▍Chapter 2　基本統計でデータの傾向をつかもう　41

▍Chapter 3　実務ですぐ使えるデータ可視化をマスターする　75

Chapter 7　最適化でベストな商品単価を導く　　239

📖 本書の読み方

　本書では、統計学の基礎をしっかり学べるように、大切なポイントをマーカーやアイコンでわかりやすく明示しています。また、学んだことをすぐ実践できるように、Excel を使ったデータ分析方法もステップバイステップで解説しています。

Section

02 データ分布の形状を把握する「ヒストグラム」

ヒストグラムで商品単価の傾向を可視化する

　可視化にはいくつもの手法がありますが、そのうちヒストグラムは基本的かつ重要なものの1つです。ヒストグラムとはデータの分布、つまり「データが、ある値の範囲内にいくつ存在しているか」を把握するための可視化手法です。これによって、商品単価や販売個数、重さ、といった1つの変数（変数とは、固定された値ではなく、さまざまな値を取る数のことを指します）に関して、それがどのように分布しているのかを把握できます。実際にExcelで作成してみましょう。

練習用ファイル：chap3.xlsx

実践 売上個数のヒストグラムを作成する

　売上個数のヒストグラムを作成してみましょう。練習用ファイルの chap3.xlsx で、chap3-1-1 シートを開いて次のように操作します。まずヒストグラムにしたい売上個数のデータが入力されたセル C2 からセル C683 を選択します❶（選択については 83 ページの Tips 参照）。[挿入] → [統計グラフの挿入] をクリックし❷、[ヒストグラム] を選択します❸。

⮕ データを選択する [図3-2-1]

❶

80

◀図や画面を多く用いているのでスラスラ読めます。

● アイコンの説明

実践

Excel を操作してデータ分析を実践するパートです。すぐに使えるように練習用ファイルを用意しています。

Tips

知っていると役立つテクニックや、統計学の理解が深まる知識を解説しています。

ここがポイント！

学んだ内容の要点を簡条書きにまとめてあります。

⬇ 練習用ファイルのダウンロードについて

　実践パートで使える練習用ファイル（xlsx 形式）は、以下の URL からダウンロードできます。

https://book.impress.co.jp/books/1119101131

※画面の指示に従って操作してください。
※ダウンロードには「CLUB Impress」への登録が必要です（登録は無料）。
※練習用ファイルは、本書籍の範囲を超えての使用を想定していません。

Chapter 1

データ分析の全体像を知ろう

01 問いを立てることから始めよう

データ分析をしたいって聞いたけど、まずその動機を聞かせてもらえますか？

営業部の売り上げが伸び悩んでいて、飛び込み営業を増やすことになりそうなんです。でも飛び込み営業が苦手で……。それでほかの施策を提案したいんですが、説得力を持たせるために、データ分析が必要なんです。

たしかにデータは強力な武器になります。それだけに使い道を誤らないようにしないとね。じゃあ最初に、そもそも論として「データ分析の目的」からみっちり説明していきましょう。

お手柔らかにお願いします！

データ分析でできること！

- ☑ 事象の原因を探ることができる
- ☑ 仮説を検証できる
- ☑ 課題を見極められる

データの特徴や傾向を把握する

たとえば「営業部門の売り上げが下がっている」という現象が起こっていたとします。このとき、よくあるのが「きっと新規開拓に力が入っていないからだ！ 飛び込みの新規営業をもっと増やそう！」という施策です。「きっと」といっていることからもわかるように、新規開拓に力が入っていないというのは単なる思いつきであり、この原因に何の根拠もありません（[図1-1-1]）。

⮕ 課題らしい現象に対する思いつきの打ち手 [図1-1-1]

| 目に見える「課題」らしい現象 | 売り上げの減少 |

売り上げが下がっている？
新規開拓に力が入っていないんだろう!!
飛び込み営業をもっと増やせ！

| 思いつきの打ち手 | 飛び込み営業 |

「課題」らしい現象に対して思いつきで打ち手を実施

果たして売り上げが下がっている原因は、本当に新規開拓に課題があるからでしょうか？ また、そうだとしたら新規開拓営業による売り上げは、どの程度減少しているのでしょうか？ このように、売り上げ減少に対して何の原因分析も行わない意思決定が**「データ分析のない意思決定」**です。

このように、根拠のない課題を挙げられてもなかなか営業のモチベーションも上がらないし、目的意識を持った仕事には結びつかないでしょう。

それではどうすればよいか。売り上げ減少という課題らしき現象に対して、[図1-1-2]のような問いに答える必要があるのです。

➲ 現象に対して答えるべき問い [図1-1-2]

- ・新規開拓に力が入っていないのは本当なのか？
- ・新規開拓の際、特にどの指標（KPI[注1]）が問題となっているのか？
- ・売り上げが下がっている原因は、本当に新規開拓の KPI のせいなのか？
- ・仮に新規開拓の KPI が課題だとしたら、どの程度 KPI が減少・増加しているのか？

そして、これらの問いに答えるために必要なのがデータ分析です。とはいっても、上記のように課題を分解して考えるにもテクニックが必要です。そこで、データ分析をする際の思考サイクルを構造化しておきましょう（[図1-1-3]）。

➲ データ分析をする際の思考サイクル [図1-1-3]

| 目に見える「課題」らしい現象 | 営業部門の売り上げが下がっている |

KPIやカスタマージャーニーマップといったビジネスフレームワークを使った現象の整理

| 課題の仮説 | 新規開拓のための、新規顧客への営業訪問数が足りていないのではないか？ |

分析で知りたいことを具体化

| 知りたいことの明確化
＝データ分析で答えるべき問い | 新規顧客への営業訪問数は過去からどう推移しているか？

どの地域の営業訪問数が減少しているか？

新規顧客への営業訪問数は売り上げとどう関係しているか？ |

データ分析によるファクトやインサイトの抽出

| 真の課題 | データ分析の結果、XXX地域の営業訪問数が他区域と比較して有意に減少しており、売り上げ減少の原因となっていたことがわかった！ |

（注1）ビジネス上で重要な指標は「KPI」（Key Performance Indicator：重要業績評価指標）と呼ばれます。

思考サイクル①「現象から課題の仮説を考える」

　ここからは、[図1-1-3]で示した思考サイクルを1つずつ見ていきましょう。

　先ほどの例における「営業部門の売り上げが下がっている」というのは、あくまで現象です。その現象から思いつきの施策を打つのではなく、まずは「なぜそのような現象が起こってしまっているのか、また、その原因は何か」を考えて仮説を立てましょう。このように、ある現象が起きている原因についての仮説を「課題の仮説」といいます。**課題の仮説を検討する際は、5W1H（Who、When、Where、What、Why、How）を使ってできるだけ具体的に文章化するのがポイント**です。

　たとえば、先の例の「新規開拓のための新規顧客への営業訪問数が足りていないのではないか？」といった仮説であれば、[図1-1-4]のように膨らませます。

➲ 膨らませた仮説 [図1-1-4]

・売り上げが低迷しているのは新規顧客への営業訪問数が減っているからではないか？（What）
・特に東京都内 XXX 地域（Where）は経験社員が数名退職してしまったことにより、残った社員が解約率の高そうな既存顧客への対応に追われてしまい（Why）、新規顧客への営業活動ができていないからではないか？

　課題の仮説が具体的になると、次のステップである分析によって知りたいことをよりクリアにすることができます。

思考サイクル②「課題の仮説から知りたいことを具体化する」

　課題の仮説は、あくまで「仮説」にすぎません。したがって、その仮説が本当にそうなのかを検証してはじめて意味があります。

　その際に、今までの勘と経験だけで決めつけるのではなく、データに基づいてその仮説をしっかり検証すべきです。データを分析することで知りたいことを明確化しましょう。

　また、①で考えた課題の仮説が具体的になっているほど、この分析により知りたいことも明確になってきます。先の例で考えると［図1-1-5］に挙げたようなことがわかれば、立てた課題の仮説が、実際に合っているか、あるいは想定していた仮説とは違った結果になっているかがわかるはずです。

　もちろん、想定していた仮説が間違っていたことは、なんら悪いことではありません。**問題なのは、仮説を正解だと思いこんで突き進んでしまうこと**です。

⊃ 明確になった「知りたいこと」［図1-1-5］

・東京都内の営業支店に関して、支店ごとに過去の「月別売上高」の推移はどうなっているか？「新規顧客への営業訪問数」は？　チャネル別に見るとどうか？

・社員が離反していることが原因であれば、「社員1人あたりの新規顧客への営業訪問数」は横ばいのはずだが、どう推移しているか？　チャネル別に見るとどうか？

・（そもそも）「新規顧客への営業訪問数」と「売上高」はどの程度関係しているのか？

思考サイクル③「データを分析して課題の仮説を検証する」

　ここまでくれば、データを分析するフェーズです。②で立てた「知りたい問い」についての答えを明らかにするために、さまざまな手法を用いて分析しましょう。

　第2章以降で、分析の手法を紹介していきますが、大切なのは、必ずしも難しい手法を使わなくてもいいということです。むしろ、可能であれば、**より簡単な分析手法が望ましい**と私は考えています。

　特に分析に詳しくなればなるほど、難しいことをしたくなりますが（私もそのような衝動に駆られることがあります……）、手法が難しくなるほど、分析を共有したり報告したりする相手に対して分析結果を説明するのが困難になります。

　説明を受ける側は分析に詳しくない場合が多いので、より簡単なやり方、簡単な図表で説明できないかを念頭に置きながら分析を進めることを心がけましょう。次節でもう少し詳しく述べますが、機械学習や統計学の難しい手法を使うより、簡単な可視化で済むのであれば、それでいいのです。

　注意するのは分析手法だけではありません。分析によって知りたい問いが明らかになったとしても、具体的にどのような分析をすればいいのか見通しを立てておきましょう。[図1-1-6]は分析をするときの流れのイメージです。

　データ分析となると、どうしても目の前のExcelやデータベースにあるデータをとりあえず触り始めてしまいたくなりますが、いったん手を止めましょう。

⊃ 分析サイクルのイメージ [図1-1-6]

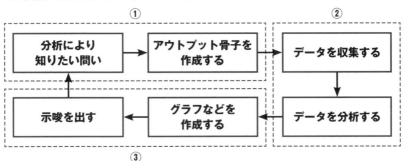

データ分析の基本的な ステップを知ろう

ステップ① 「分析のアウトプットの骨子を考える」

　思考サイクルによって明確になった問いに答えるために、まずは**どんな分析をしてどんな結果（アウトプット）を導けばいいか**、その要点を考えましょう（[図1-2-1]）。

　前節のような、営業部門の新規顧客売り上げの向上を目指すのであれば、「営業訪問数」「営業後の成約率」「各顧客の規模」といった KPI を設けて、それらの KPI を向上させるために、さまざまな施策を打つことを考えます。

　そして、施策を打って、その結果のデータを蓄積すれば、おのずとそれらの施策を評価するためのデータ分析が必要になります。

　たとえば、「支店ごとに過去の新規顧客への営業訪問数の推移がどうなっているのか」を知りたいのであれば、次のように、年月ごとの訪問数を骨子にできます。

　「横軸に年月、縦軸に新規顧客への営業訪問数を置いて、支店ごとの推移を時系列の折れ線グラフを描いてみるのがいいのではないか。きっと XXX 支店は他店に比べて下がっている傾向があるはずだ。」

　また、「新規顧客への営業訪問数と売上高はどの程度関係しているのか」を知りたいのであれば、訪問数と売上高が骨子になります。

　「横軸に新規顧客への営業訪問数、縦軸に売上高を置いて、過去のデータをプロット[注2]してみるのがいいのではないか。きっと何か関係にあるはずだ」

　このように分析のアウトプットの骨子を先に作成してしまえば、「データに埋もれて、いつまでたってもほしい分析結果が得られない」ということにはならないはずです。

（注2）データを点でグラフに描きこむこと。

○ 分析のアウトプットを先にイメージしておくことが重要 [図1-2-1]

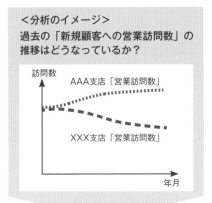

<分析のイメージ>
過去の「新規顧客への営業訪問数」の
推移はどうなっているか？

<分析のイメージ>

<アウトプットのイメージ>
XXX支店は新規顧客への営業訪問数が他
店に比べて下がっているのではないか？

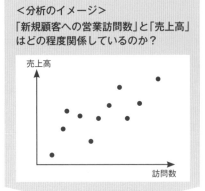

<分析のイメージ>
「新規顧客への営業訪問数」と「売上高」
はどの程度関係しているのか？

<アウトプットのイメージ>
新規顧客への営業訪問数が上がるほど、売
り上げも上がる関係があるのではないか？

ステップ②「データを収集して分析する」

　分析のアウトプットをイメージできれば、あとはデータを収集して分析するだけです。「だけ」とはいっていますが、実際にデータを収集したり、分析するのは簡単ではありません。特に分析に足るデータが手元にないときは、クライアントや各部署などに相談して、データを集める必要があります。

　もしデータがなければ、収集するためにはどうすればいいかも考えなければなりません。さすがに分析するためだけにわざわざデータを収集するのは面倒くさいといわれてしまうことも多いはずです。データがないから何もできないと嘆いていても何も始まりません。

　本望ではないかもしれませんが、**今あるデータで知りたいことを明らかにできないか、あるいは今あるデータで答えられるように、知りたいことを修正するといった試行錯誤が必要**となってきます。

そのような創意工夫を施しながら、分析を行っていきます。

ステップ③「グラフなどを作成して示唆を出す」

分析を終えたら、ステップ①で行った分析のアウトプットの骨子通りの分析結果になっているかどうか、アウトプットのグラフなどを作成して確かめましょう。思ったとおりの結果になればうれしいかもしれませんが、そうならないケースも多いはずです。

ただ、仮説が間違っていたことは悪いことではないので、「なぜ違った結果になっているのか?」「この結果からいえる示唆（ビジネスにつながるメッセージ）は何か?」を考えましょう。また違った視点で現象や課題を捉えることができるかもしれません。

分析は1回やって終わりではありません。分析によって得られた結果から、課題の仮説を修正して、新たに知りたいことを定義していき、さらに分析を重ねて、本当の課題に近づいていくというプロセスが重要です。

分析は逆算思考で行う

ここまで、分析の思考や考え方の土台を説明してきましたが、一貫して念頭に置いておきたいのは、「分析は逆算思考でないといけない」ということです。言い方を変えると、**何をゴールにして分析するか**、です。

ITのシステム開発のような場合は通常、最初に全体設計をして要件やインプット／アウトプットを細かく定義してから実装していくと思いますが、データ分析も基本的には同じです。

ただ、データ分析の場合は目の前にデータがあるから、「とりあえず何かデータをいじくってみよう」となってしまいがちです。また、データ分析には終わりがないので、分析しようと思ったら、いくらでもできてしまいます。

しかし時間は有限です。短時間でよりよい分析成果を上げるためには、アウトプットからの逆算が不可欠です。

具体的には、分析課題を立案するときにはデータ分析の思考サイクル、つまり「現象→課題の仮説→分析」によって知りたい問いを明確化するという

流れを意識しましょう。また、実際に手を動かす分析のフェーズに入ってからは、思考サイクルによって得た「分析によって知りたい問い」を起点に、「分析のアウトプットの骨子作成」→「データの収集・データ分析」→「分析結果の作成・示唆出し」という流れを意識することが大事です。

　目の前のデータから分析や思考を始めるのではなく、「ゴールから逆算して、一体どのような分析をすればいいのか？」「どのような分析をしてアウトプットを出せばいいのか？」を意識するだけで、時間あたりのデータ分析の精度は上がっていくはずです。

　もちろん、データをじっくり見ていくことで、顧客や自分たちの業務、そしてビジネスに対する理解が深まっていき、結果として新たな仮説が思い浮かぶ、ということもありえます。したがって、基本的な流れとしては次のようなステップになるでしょう。「①逆算思考で進めつつ、データを眺める」→「②データの理解が深まっていく」→「③仮説をアップデートする必要性に気づく」→「④仮説を修正する」。このようなステップを踏みながら、最適な分析を目指していきましょう。

Tips　目的から考えることが重要

　そもそも分析というものはあくまで手段です。分析する目的をしっかり意識するようにしましょう。分析して示唆を出したあと、実際に業務などに何かしらの変化をもたらすことではじめて結果につながります。

　したがって、「この分析をしたあとに、どのようなアクションが期待できるか」という目的を最初から考えておくことが重要です。

ここがポイント！

① **分析によって何が知りたいかイメージする**
② **分析のアウトプットを思い描く**
③ **データを収集し、分析する**
④ **ビジネスに落とし込む**

03 データ活用の全体像を把握しよう

5段階に分けて考える

前節で「わざわざ難しい分析手法を使う必要はない。簡単な分析でいいのであれば簡単な方法を取るべき」と述べました。

データ活用は［図1-3-1］のように大きく5つのレベルに分けられます。まずは、レベルごとにどのような分析手法を活用すればいいかのイメージをつかみましょう。

図の階層は下になるほど難易度が低く、データ活用として取り組みやすいものになります。一方で階層が上にいくほど、難易度は高くなりますが、その分、高度な問いに答えることができます。それぞれのレベルについて詳しく見ていきましょう。

⭗ データ活用は5段階に分けられる ［図1-3-1］

データ活用の5段階	営業部門の例
5. 最適解を知る	売上高を最大化するためには、どの支店に、どの程度の新規顧客営業社員数を割り当てればいいのか？
4. 将来を予測する	社員あたりの営業訪問数をどの程度上げると、どの程度獲得数が上がるのか？
3. 因果関係を定量的に把握する	新規顧客の営業訪問数を上げれば、顧客の獲得数は上がるのか？
2. 事象の関係を定量的に把握する	新規顧客の営業訪問数と売上高はどの程度相関しているのか？
1. 過去や現状を定量的に把握する	新規顧客の営業訪問数の推移はどうなっているのか？

レベル1「過去や現状を定量的に把握する」

データ活用として一番取り組みやすいレベルです。いわゆる**「データの集計」**や**「データ可視化」**によって得られるものがこのレベルに相当します。Section01 の例を用いると、「売上高」や「新規顧客の営業訪問数」といったビジネスにおける KPI をそのつどチェックできる状態を指します。

レベル2「事象の関係を定量的に把握する」

その次のレベルが「事象の関係を定量的に把握する」というものです。これも Section01 の例で考えると、**「新規顧客の営業訪問数」と「売上高」はどの程度関係しているかを把握できている状態**です。

少し細かい話ですが、このレベルではデータ集計や可視化だけでなく、統計学的な手法を用いることもあります。上記の例のような、「ある1つの情報とある1つの情報がどの程度関係しているか?」といった問いであれば、可視化手法の1つである散布図(第2章でもう少し詳しく扱います)を使えば、ある程度の相関度合いを確認できます。

しかし、「売上高」という重要な情報に対して、「新規顧客への営業訪問数」という1つの情報だけが関係しているということはあまりないでしょう。現実の事象はもっと混沌としており、複数の要因が重なり合って、1つの情報である売上高を説明していることがほとんどです。

そのような場合は「多くの要因 対 売上高」という構図になります。こうなってくると、データ可視化だけでは事象の把握が少々難しくなってきます。この場合は、統計学において非常に重要な手法である「重回帰分析」(第6章で詳しく扱います)といった手法を使う必要があります。重回帰分析を使うことで、「どの変数(要因)が売上高に対してどのような影響度を持っているか? そもそも統計学的に関係性があるといえるのか」といったことを知ることができます。

この「重回帰分析」は Excel で実行できます。第6章で詳しく取り上げていきます。

なお、ここでは「新規顧客への営業訪問数」と「売上高」に関して、「新規顧客への営業訪問数を増やすことにより、売上高が向上する」という**因果関係を示しているわけではない**ことに注意してください。

若干無理があるかもしれませんが、もしかしたら、売上高が上がることにより会社の採用人数や稼働人数が増え、新規顧客への営業訪問数が増えている、という関係性になっている可能性もあります。

広告投下によって認知度が上がったことで、潜在顧客に対してより訪問しやすくなり、結果として売上高が上がっているだけかもしれません。

そのため、本当に因果関係があるかどうかを確認したい場合は、次のレベルである因果関係の定量的把握が必要になります。

➲ 1対1か多対1の関係のどちらを知りたいかで使う手法も変わる [図1-3-2]

「1対1」の関係性が知りたい

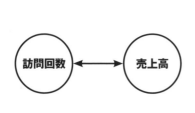

可視化手法の1つである「散布図」で確認できる。統計的には「単回帰分析」という手法も当てはまる

「多対1」の関係性が知りたい

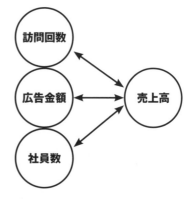

可視化手法だと厳しく、統計学における「重回帰分析」という手法で解ける

もちろん専門的にすべての手法をExcelでできるわけではなく、難解な手法はRやPythonといったプログラミング言語に頼らなければならないこともあるということは頭の片隅に置いてもらえればと思います。

レベル3「因果関係を定量的に把握する」

　3つ目は「因果関係を定量的に把握する」です。このレベルでは統計的因果推論といった統計学の知識が必要になります。

　因果関係を把握するのは容易ではありません。複雑な統計学の手法を使っても正確に因果関係を推定できるとは限らないためです。とはいえ、統計学的に因果関係を推測する手法は開発されています。最も有名な例であるランダム化比較実験（Randomized Controlled Trial: RCT）と呼ばれる手法を簡単に紹介しましょう。この手法は「A/Bテスト」とも呼ばれているので、そちらのほうが馴染みがある人も多いのではないでしょうか。

　A/Bテスト（[図1-3-3]）はWebの世界でよく利用されています。クリエイティブやUI（見た目）が、クリック率やコンバージョン率にどう関係するか、といった問いを立て、実験を行います。

⊃ A/Bテストのイメージ [図1-3-3]

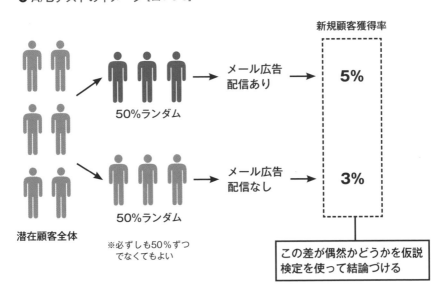

潜在顧客全体

50%ランダム → メール広告配信あり → 新規顧客獲得率 5%

50%ランダム → メール広告配信なし → 3%

※必ずしも50%ずつでなくてもよい

この差が偶然かどうかを仮説検定を使って結論づける

この手法は、実験対象となるユーザー（広告やWebページを閲覧する人びと）を、できるだけランダムにA群とB群に振り分けて、片方の群に新しい施策、他方の群にはこれまで通りの施策を打つことで、**施策による結果の差を検出しようという手法**です。

　先ほどの営業部門の例に当てはめてみます。実は広告の投下量を減らしたので売り上げが下がったのかもしれない、という仮説が浮かび上がってきたのであれば、実験対象とするXXX地域の潜在顧客をランダムにA群とB群に分けて、A群には「メール広告を配信」して、B群には「配信しない」というような打ち分けをします。

　その結果、新規顧客の獲得率がA群は5%、B群は3%、という結果が得られたとします。そのあと、統計的手法を用いて、この差が偶然生じたものか、あるいは統計学的に差があると認めることができるかを分析します。

　これによって、メールの広告配信が新規顧客獲得率に影響を与えているかどうかの結論をつけるのです。ここで用いられる統計学的手法は**「仮説検定」**という手法です。仮説検定は第4章で詳しく取り上げます。

　幸いなことに、基本的な仮説検定であれば、Excelで取り扱うことができます。このA/Bテストも、Excelで結論づけられるので、難しいものは要求されません。

　とはいえ、このような実験は先ほども述べたようにWebの世界では比較的よく行われていますが、今回の例のようなオフラインではなかなか難しいものがあるでしょう。

　広告の例は比較的やりやすいですが、営業のようなオフライン環境の場合、訪問回数やメールのやりとりといったさまざまな変数を、できるだけA群とB群で同じ条件になるように調整しなければならないので、テストを行うだけでも一苦労です。

　したがってランダム化比較実験はどちらかというと、計算により分析結果を出すこと以上に、A/B群のランダムな振り分け、また条件設定など実験を行う環境を整えて実際に遂行する、といった準備や環境作りが大変だと思います。このような複雑な環境下での実験を正確に測定する検証方法は「効果検証」と呼ばれ、それらの分析手法の多くは難易度が高いので本書では扱いませんが、気になる方はぜひ調べてみてください。

レベル4「将来を予測する」

将来を予測するのは、機械学習が得意とする分野となります。いわゆる「AI」と呼ばれている領域です。「将来」といわれてもいまいちピンとこないかもしれませんが、近年ビジネスの世界で使われているケースとして、たとえば以下のような例が該当します。

⊃ ビジネスにおける予測の活用例［図1-3-4］

> ECサイトのサブスクリプション（定期契約）型のビジネスにおいて、各顧客の契約情報・過去のサイト回遊情報や購入履歴などのデータから、その顧客が「翌月解約してしまうかどうか」を予測する

> 物流業者が、自社で管理している商品に関して、各商品マスタ情報の過去の仕入れ数や出荷数などのデータから、その商品が「来週何個出荷されるか」を予測する

　これらの例で共通しているのは、顧客や商品といった「ID」ごとに、将来予測したいことに関わるようなデータを持っている必要がある点、そしてそのIDごとに何を予測したいかを決める必要があるという点です。

　この2つが満たされれば、「翌月解約してしまうか」「来週何個出荷されるか」といった将来を予測する「予測モデル」を機械学習のアルゴリズムを用いて構築できます。

> 具体的な構築方法は割愛しますが、最近は機械学習による予測モデルを構築してビジネスに適用するという例は増えてきています。また、予測モデルを自動で作成できる非専門家向けのソフトウェアも増えており、「AIの民主化」が始まってきています。これからは専門家ではなくても、機械学習に関する一定の知識は押さえておく必要が出てくると私は考えています。

レベル5「最適解を知る」

　5つ目は「最適解を知る」です。統計学や機械学習による予測モデルができるようになったら、その予測モデルを使って最適解を知る、つまり**最適化**を行うことがよくあります。先ほどの例で、物流業者が各商品がいつ何個出荷されるかを事前にある程度予測できていれば、「どの商品を何個ずつどの位置に配置しておけばいいのか？」といった問いに答えられるかもしれません。これが「最適解を知る」ということです。

　この「最適解を知る」ためには、さまざまな問題の定義方法が存在し、数理的にも解を出すのが非常に難しいものもあります 。レベル4で紹介したように、予測モデルの構築ツールがビジネスでも使われ始めていますが、最適解を知るための最適化は自動化が難しい分野だと私は感じています。

　しかし、最適化でも簡単なものであれば、Excelでできるのです。本書では第7章で、Excelを使った最適化に関して触れています。

　ここまでを踏まえ、分析手法をプロットすると［図1-3-5］のようなイメージとなります。この本では機械学習や統計学の深い分野までは踏み込まないので、細かい専門用語は覚えなくても構いません。ざっくりとしたイメージをつかんでいただければ幸いです。

➲ データ活用5段階の分析手法は分野ごとにまとめられる ［図1-3-5］

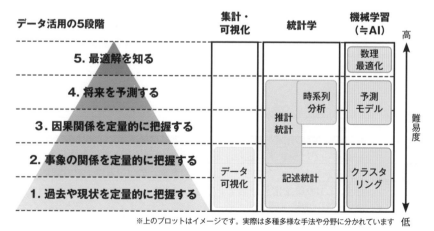

※上のプロットはイメージです。実際は多種多様な手法や分野に分かれています

データの集計や可視化はレベル1や2に相当します。ここをしっかり学ぶことで、**過去や現在、そして事象の関係性を定量的に把握できます。**

皆さんのビジネスや業務で、どの程度レベル1や2のような定量的な可視化ができているでしょうか？

私はAIや機械学習といった高度な分析に取り組む前に、まずはしっかりデータの集計や可視化が行われており、定期的に関係者がチェックできる状態を作り出すことがデータ活用の一丁目一番地だと思っています。

データの集計や可視化は皆さんが普段から使っているExcelである程度は実行可能です。もちろん大量のデータを捌こうと思うと、データベースやSQLの知識が必要になってきますが、Excelでも数十万行くらいまでであればハンドリングできます。

そこで第2章では、実務でよく使われ、かつExcelでも実現可能なデータ可視化手法をいくつか紹介していきます。

レベル1や2に加えて、因果関係の定量的な把握や（一部）将来の予測といったレベル3や4に関しては、統計学の分野となってきます。先ほどもいくつか紹介しましたが、重回帰分析や仮説検定といった統計学において非常に基本的で重要な手法がレベル2や3に該当します。またそれらの手法にはExcelで実行できる手法もいくつかあるので、第4章以降でより具体的に紹介していきます。

最近はAIや機械学習といった用語がもてはやされているから、そこまでやらないとデータ分析とはいえないんじゃないですか？

たしかに機械学習のような手法を使うことがデータ利活用であるという風潮もあります。でも、まずは現状の定量的把握くらいからしっかり入り、データを活用する風土を醸成していくところがスタート地点。それに、レベル1や2であれば、使いなれたExcelを活用できるのが大きなポイントです。Excelを使って具体的にどのような分析までができるのか、続いて見ていきましょう。

04 Excel データ分析の ビジネス活用例

ビジネスにおけるデータ分析の活用例

　ここまで読んで、皆さんは「自分でもできるレベル感のデータ分析をどのように実務で適用していけばよいだろうか」と考えているのではないでしょうか？ この Section では具体的に、Excel でできて、ビジネスで使えるデータ分析の活用例をいくつか紹介します。

　なお、今から紹介する活用例は、私が過去に行った分析プロジェクトに基づき、わかりやすいように少々脚色したものです。

実例① 「動画視聴ログの分析」

　皆さんもスマホや PC で動画を見ることが増えているでしょう。動画といってもさまざまですが、たとえば、学習用動画などをイメージしてください。

　学習用動画コンテンツの制作者からすると、動画を通じた学習環境の提供という観点から、**「最後まで動画を視聴してくれるユーザー数がどれだけいるか？」** ということは重要な問いの１つになってきます。また、**「学習動画のどのような時間帯に脱落してしまっているのか？」** を定量的に知ることで、動画のどの部分を改善していけばいいかを考える際に役立ちます。

　そこで、まずは登録ユーザーごとの動画視聴ログを準備しました。具体的には、[図1-4-1] のようなログデータを抽出・加工しました。

➲ 動画視聴ログの準備 [図1-4-1]

・どのような動画を視聴したか？

・何時何分に視聴を開始していたか？

・何時何分まで動画を視聴していたか？

・また動画のどこまで視聴していたか？

　余談ですが、私はこのログデータの加工作業が非常に大変でした……。「データ分析は前処理に8割の時間を使う」とよくいわれますが、このとき身をもって体感しました。

　そのログデータを用いて上記の問いに答えるために、「動画ごとに、動画全体のXX％まで視聴完了したユーザーはどの程度いるのか？」という分析課題に落とし込み、以下のような可視化を行いました。

➲ 動画視聴ログの分析結果の一例 [図1-4-2]

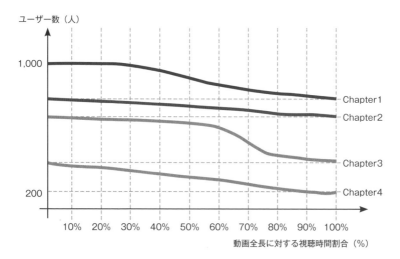

横軸に動画全長に対する視聴時間割合、縦軸にユーザー数をおいて、動画コンテンツ A における Chapter1 から Chapter4 までの視聴傾向の時系列推移を描画しています。さて、ここからどのようなことがいえるでしょうか？

まず、**「視聴を開始した 1,000 人が、最終的に 200 人となり、完了率は 20% といえる」というファクトが読み取れる**でしょう。そのうえで、課題となりえそうな示唆、制作の改善につながる提言までメッセージングすることが分析において大事です。

たとえば、上記の分析結果からは、先ほどの完了率に加えて、以下のような課題が提言できそうです。

◯ 分析結果からいえること [図1-4-3]

・Chapter1 は動画全長の 30% 以降から脱落者が多い傾向があるため、開始後 30% あたりの動画を見直す必要があるのではないか？
・Chapter2 はそのほかの Chapter に比べると、どの時間帯も脱落者が少ないため、良質な動画コンテンツといえるのではないか？
・Chapter3 は動画全長の 60% から 80% にかけて、急激に脱落者が多くなっている傾向があるため、そのあたりの内容を至急見直す必要があるのではないか？

この分析は、単なる集計と可視化に過ぎないのですが、これだけでも次に打つ手が見えてきますね。

実例② 「人事アンケートの分析（HR-Tech）」

もう 1 つ、データ分析の例を紹介します。今回は人事における従業員のアンケート分析を考えてみましょう。どの企業にも人事部はあるので、身近に感じられるのではないでしょうか？

企業や部署によってさまざまな人事施策上の課題があると思います。たとえば、会社へのモチベーションの現状を把握し、今後の人事施策に活かして

いこうと考えたとしましょう。その際に出てきそうな以下のような問いに対しては、どのようなデータ分析ができそうでしょうか？

⊃ 人事施策上の課題 [図1-4-4]

A. 部署ごとや性別ごとに、会社への満足度は違うのだろうか？
B. 会社への満足度に対して、どのようなモチベーションが影響しているのであろうか？

データ分析のためには、兎にも角にも「データ」が必要です。そこで会社への満足度を計測できるような、以下のような10段階評価のアンケートを作成し、できるだけ多くの従業員に回答してもらいましょう。

⊃ アンケートの例 [図1-4-5]

設問1　今の会社に満足している
設問2　チャレンジングな業務経験を積めて成長実感がある
設問3　正当な報酬を得られていると感じる
設問4　部署内の雰囲気が自分に合っていると感じる
設問5　直属の上長に対して信頼がおけると感じる
設問6　業務量が多いと感じる

どのような項目を作成するかは、体系的なやり方があるわけではありません。また業種によっても異なりますが、できるだけ自分のドメイン知識（自分の業務内容などを中心に、専門分野に特化した分野に関する知識）に基づいて、知りたいことを集められるように項目を作成しましょう。

（アンケートを従業員に回答してもらい回収するのも大変な作業ですが）回答を集めたら、ア、イの問いに答えるために、分析課題に落とし込みます。

アの問いでは、部署や性別ごとに会社への満足度の違いを評価したいので、部署や性別でデータを分けたときに、「会社への満足度」という項目に関するスコアがどのくらい異なっているのかを可視化すればよさそうです。

また、イの問いでは、会社への満足度に対して関係の強そうな要因をつかみたいので、「会社への満足度」という項目に対して、関係の強いそのほかの項目を見つけることができればよさそうです。

● 分析課題 [図1-4-6]

> ア.「会社への満足度」に関する設問に関して、部署ごと・性別ごとの平均スコアはどの程度異なっているか？
> イ.「会社への満足度」に対して関係が強い項目は何か？

せっかくなので、単純な集計と可視化だけでなく、**「統計学的な視点から見るとどうか」**という観点も加えておきましょう。

問いアに関しては、集計の結果 [図1-4-7]のような分析結果が出たとします。部署AとB、女性と男性ごとに、「今の会社に満足している」スコアの平均値を比べます。

● 問いアの分析結果 [図1-4-7]

> ・部署A（平均値6.0）と部署B（平均値8.6）は統計的有意にスコアの平均値に差があったといえるので、両部署の従業員を比較し、特に部署Aはなぜ満足度が低いかを追求する必要があるかもしれない
> ・女性（平均値7.5）と男性（平均値8.0）は統計的有意にスコアの平均値に差があるとはいえないので、性別による差はあまり考慮しなくてもいいかもしれない

なお、この分析結果の出し方や解釈はまたのちの章で詳細に取り上げるので、現時点ではイメージだけつかめれば大丈夫です。

　下の［図1-4-8］は、グループごとのスコアのヒストグラムを示しています（ヒストグラムは第2章で取り上げます）。度数分布は簡単にいえばスコアのばらつき度合いを可視化したものになります。このばらつき度合いをグループごとに比べて、統計の手法の1つである仮説検定を用いることにより、スコアの平均値に差があるかどうかを見極めます。

⊃ 女性・男性ごとのスコアの違い［図1-4-8］

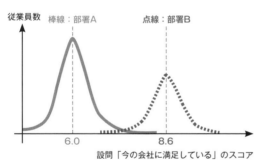

統計的仮説検定

部署Aと部署Bは統計的有意に（スコアに）差がある

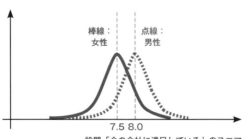

統計的仮説検定

男性と女性は統計的有意に（スコアに）差があるとはいえない

どうでしょうか。ただ単に満足度の平均値を見比べるだけでは、たしかに女性と男性も 0.5 の差がありますよね。

しかし、「この差は重要と考えていいのだろうか？」「それとも無視してもいいレベルなのだろうか？」について、この差を見るだけでは結論がつきませんが、仮説検定を用いることにより、一定程度結論づけることができます。結論づけられれば、このあとの施策もよりはっきりと自信を持って打ち出せそうです。

一方、[図1-4-6] の問いイに関しては、[図1-4-9] のような分析結果を出すことが想定されます。これは、Section 03 で紹介した「重回帰分析」と呼ばれる統計的な手法を用いた分析結果をわかりやすく表しています。

のちの第6章で詳細に扱うので、簡単なイメージだけつかめれば大丈夫ですが、「今の会社に満足している」という設問に対して、そのほかの設問がどの程度効いているか、「多変数 対 1変数」の関係性を分析した結果になっており、各設問がどの程度影響しているかを数値化しています。

また、重回帰分析では、数値化に加えて、その数値が統計的有意に効いているといえるのかどうかも判断することができます（それを＊マークで示しています）。

➔「会社への満足度」とそのほかの項目との関係性 [図1-4-9]

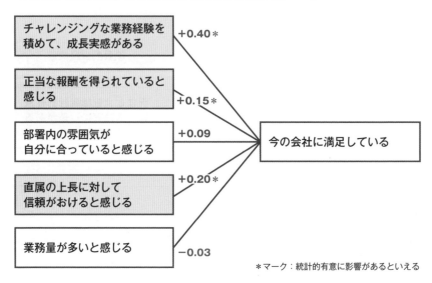

＊マーク：統計的有意に影響があるといえる

この結果からは、以下のような傾向が読み取れそうです。

○ **読み取れたこと** [図1-4-10]

・チャレンジングな業務による成長実感、正当な報酬実感、上長への信頼感が高いほど、満足度が上がる傾向にある
・一方で、部署内の雰囲気や業務量の多さは、満足度へはそこまで影響するとはいえない

このことから、もしかしたら今の従業員は全体的に部署内の雰囲気や業務量といったことよりも、自分のスキルアップのための成長実感やそれに見合った報酬、また、そのようなチャレンジングな業務を推進していけるような上長への信頼感が会社満足度を喚起させているのかもしれないと読み取れそうです。

もしそうだとしたら、「積極的な残業抑制や仲良くなるための部署内交流のための時間創出といった人事施策を打ってしまうと、かえって逆効果かもしれない」という施策へのアドバイスにつながるでしょう。

上記の分析結果はあくまでイメージですが、**ただのアンケートデータでも、分析手法をうまく使いこなすことができれば、このような示唆や提言を出すことができる**のです。

さて、いかがだったでしょうか。少しでも、皆さんが実務でデータ分析を活用するイメージが膨らんでいれば幸いです。

ぜひ「自分の会社やチーム、業務担当範囲であれば、どのような適用ができそうか?」をイメージしてください。

自分で活用するとしたら、こんな感じでやってみたいな、というイメージがあるのとないのとでは、このあとの詳しい分析手法を読んでいく際の理解度や納得感に差が出てきます。

05 Excelでデータ分析をするための準備をしよう

第1章の最後に、これからExcelでデータ分析を始めるにあたって必要な準備をしておきましょう。

これまでのSectionにて紹介してきたレベルごとの分析手法をすべてカバーしようと思うと、データサイエンティストが使用しているPythonやRといったデータ分析のために利用されるプログラミング言語を使う必要があります。

しかし、これまで紹介してきたものも含め、[図1-5-1]に挙げた内容はExcelで実現できます。

⊃ Excelでできるデータ分析 [図1-5-1]

・データの集計や可視化
・仮説検定や重回帰分析といった一部の統計手法
・一部の最適化手法

本書ではExcelを少しでも使用したことのあるユーザーを対象として、Windows10でExcel 2019を用いた前提で解説しています。上に示した分析をExcelで行うため、「分析ツール」と「ソルバー」というアドインを用います。これらの機能を追加していない場合は、以下の手順に従って操作してください。

分析ツールを読み込む

アドインを追加するには、[ファイル]→[オプション]をクリックして[オプション]ダイアログボックスを表示します。[オプション]ダイアログボックスの[アドイン]をクリックし❶、[管理]にある[設定]をクリックします❷。すると[アドイン]ダイアログボックスが表示されます。

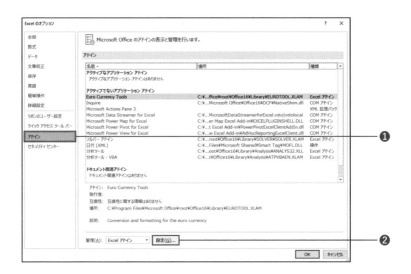

　[アドイン] ダイアログボックスで、[ソルバーアドイン] と [分析ツール] にチェックを入れて❸、[OK]ボタンをクリックします❹。このあと分析ツールがインストールされていないという内容のメッセージが表示されたら、画面の指示に従って分析ツールをインストールしてください。

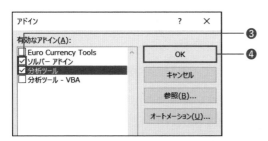

　Mac ユーザーの場合は、以下の手順に従って準備をしてください。
　[ツール] メニューの [Excel アドイン] をクリックし、[アドイン] ダイアログ ボックスで [分析ツール] と [Solver Add-in] にチェックを入れ❶、[OK] ボタンをクリックします❷。

① ②

なお、本書では Windows の Excel を前提に進めていきます。Mac の場合はメニューやボタンの配置が本書の内容と異なるため、適宜読み替えて操作してください。

それでは次の章からは、具体的にExcelを使ったデータ分析手法を学んでいきましょう。

Tips サードパーティ製のアドインもある

Excel には、マイクロソフト社以外が作成したアドインを追加することもできます。たとえば統計に特化した「エクセル統計」（https://bellcurve.jp/ex/）という有料の統計解析ソフトがあり、これを追加することでより高度な統計解析が可能になります。たとえば以下のような機能が使えます。

・より豊富な種類の仮説検定を用意している
・時系列データに対する高度な分析ができる
・因子分析といった高度な多変量解析ができる

しかし、これらの機能を理解して使うために必要な知識は、本書の範囲から外れてしまいます。また、購入する必要もあるため、本書で基礎を学んだうえで、より高度な分析を行いたい場合は検討してみるとよいでしょう。

Chapter 2

基本統計で
データの傾向をつかもう

01 平均値だけじゃない？
基本統計量の出し方

ところで「平均」ってわかりますか？

うーん。ちゃんと考えたことはなかったけど、いくつかある数字の、中間を示すような値のことですか？

そのとおり。実はその平均を求めるのもデータ分析の1つ。平均や標準偏差のように、データの特徴や傾向を知りたいときに使う手法を「記述統計」といいます。

「記述統計」ですか？ いきなり難しい言葉が出てきましたね。

記述統計は、「基本統計」ともいって案外身近なところでも使われている手法だから、データ分析の入り口として学びやすいと思いますよ。

記述統計とは？

☑ 平均や標準偏差のように、データの傾向を捉える手法

☑ 記述統計で得られた値を「基本統計量」という

☑ 基本統計ともいう

なぜ記述統計が必要なのか

それでは早速、データ分析の中身に入っていきましょう。本書では、データ分析の技術難易度が徐々に上がっていくように構成しています。前章でデータ分析における技術難易度のレベル感を紹介しましたが、本章との関係は ［図2-1-1］ のようになっています。第2章では、まず記述統計と呼ばれる分野を学んでいきましょう。

⊃ 技術難易度のレベル感と本書の関係 ［図2-1-1］

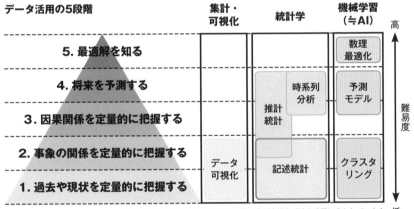

「記述統計」と聞くと難しそうですが、そこまで難しいものではありません。これまで Excel に少しでも触れたことがあるなら、平均値を算出した経験があると思います。高校や大学で習ったという人も少なくないでしょう。なお本書では、このあと Section02 から、Excel 関数の基本を学びながら、平均値や中央値の計算を行っていきます。

実は**平均を出すことも立派な統計手法の1つ**であり、記述統計に該当します。**記述統計は平均値を代表として、手元のデータからさまざまな値（それらを「統計量」といいます）を計算して、データの示す特徴や傾向を把握す**

る手法のことです。

「なぜ記述統計を使う必要があるのか？」というと、私はデータをくまなく全部チェックする手間を省くためだと思っています。

　もし、時間が無制限であれば、すべてのデータを見てデータを把握できます。しかし、データが 100 行くらいならまだしも、1 万行や 10 万行もあったら、限られた時間内でデータを把握すること不可能です。そんなときに統計量を計算したり、データを可視化したりすると、データを 1 つ 1 つ見ずに傾向や特徴をつかめます。これが記述統計やデータ可視化を行うモチベーションであると考えてください。

データを理解することが大切

　近年では AI やビッグデータという技術がバズワードとなって流行しています。そのため人間が特に何も考えなくとも、そのような技術がデータ分析をすべてこなしてくれるというイメージがありますが、そんなことはありません。最前線に立つデータサイエンティストたちでさえ、データの中身をしっかり理解することに神経を注いでいます。そもそも AI と呼ばれている機械学習の技術をしっかり適用するためにも、まずはデータの中身を適切に理解しないといけません。

　したがって、本章で学ぶ記述統計や次章で解説するデータ可視化といった手法は、AI や機械学習に比べ有用性が劣ると思われているかもしれませんが、分析プロセス上の非常に重要な手続きとなってきます。

　それでは、ここから記述統計の代表的な統計量を 1 つずつ見ていきますが、その前に、本書は「Excel でデータ分析」がメイントピックなので、データが必要です。本書ダウンロード付録（10 ページ参照）の練習用ファイル chap2.xlsx の dataset シートを開いてみましょう。dataset シートには、本書で分析を行う架空の小売りスーパー A のある週の販売データが入力されています。

　データの定義を［図2-1-2］に記載しておきます。

➲ 今回使用するデータの定義 [図2-1-2]

列名	定義
商品 ID	各商品の ID（値に意味はありません）
タイプ	各商品の種類（日用品・青果物……）
価格表示	各商品が定価販売か割引販売か
重量	各商品の重さ（単位：g）
占有率	店舗の全面積に対して、各商品が置かれている面積の割合（%）
仕入単価	各商品をいくらで仕入れたか（単位：円）
商品単価	各商品をいくらで売っているか（単位：円） ※ 価格表示が「割引」の場合は、割引前の単価を示しています
売上個数	各商品がいくつ売れたか

青果物を中心に扱っているとある小売スーパー A 店の、ある週の販売データ

　本書の主な目的はデータ分析の手続きを学ぶことなので、データそのものに関してはあまり深入りしません。あくまで今回のデータ分析のために使用するデータ、という位置づけと考えてください。また読者の皆さんがデータそのものよりデータの分析の内容に集中できるように、今後は一貫してこちらのデータを使用していきます。

　なお、本データは、筆者がさまざまな小売業のオープンデータを参考にしながら、本書で学ぶ技術が網羅できるように独自で生成したダミーデータです。したがって、実際のビジネスやデータと傾向や特徴が乖離している部分も多少はあるかもしれませんが、今回はデータの理解以上にデータ分析の手続きの理解に主眼を置いていますので、ご了承ください。

02 「平均値」を正しく理解する

　まずは、記述統計における統計量の代表例である「平均値」から見ていきましょう。平均値は知っている人が多いと思いますが、[図2-2-1]のように定義されます。別の言い方をすると、平均値はデータの「重心」であるともいえます（[図2-2-2]）。

➋ 平均値の定義 [図2-2-1]

$$平均値 = \frac{全データの合計}{データ数}$$

➋ 平均値のイメージ [図2-2-2]

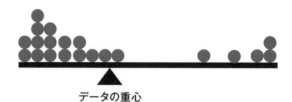

データの重心

練習用ファイル：chap2.xlsx

実践 平均値は AVERAGE 関数で求める

　Excelでも計算しておきましょう。練習用ファイルのchap2.xlsxでchap2-1シートを開いてください。このシートのA列が商品ID、B列が売上個数になっています。つまり商品ごとの売上個数が入力されているということですね。商品IDはセルA2からセルA683まであり、それぞれに売上個数が入力されています。まずはビジネスにおける売上高に直接関係してくる、商品ごとの売上個数を見ていきましょう。

　売上個数の平均を計算する欄をセル E3 に設けてあります。このセルに「=AVERAGE（B2:B683）」と入力して、 Enter キーを押します❶。すると、「27.7346041」という計算結果が表示されます❷。

⊃ AVERAGE関数を入力する [図2-2-3]

	A	B	C	D	E	F	G	H
1	商品ID	売上個数						
2	ID_CI31	22		例1. 売上個数の平均値・中央値・最大値・最小値を求めてみよう				
3	ID_CJ19	49		平均値 =	=AVERAGE(B2:B683)			
4	ID_CJ31	19		中央値 =				
5	ID_CK31	14		分散 =				
6	ID_CL07	19		標準偏差 =				
7	ID_CL31	25		最大値 =				
8	ID_CM07	27		最小値 =				
9	ID_CM19	51						

❶

⊃ AVERAGE関数を確定する [図2-2-4]

	A	B	C	D	E	F	G	H
1	商品ID	売上個数						
2	ID_CI31	22		例1. 売上個数の平均値・中央値・最大値・最小値を求めてみよう				
3	ID_CJ19	49		平均値 =	27.7346041			
4	ID_CJ31	19		中央値 =				
5	ID_CK31	14		分散 =				
6	ID_CL07	19		標準偏差 =				
7	ID_CL31	25		最大値 =				
8	ID_CM07	27		最小値 =				
9	ID_CM19	51						

❷

　この結果より、対象となる商品が 682 個ありましたが、「平均的に 27.7 個売れている」ということがわかります。

関数の基本を理解する

　入力した「AVERAGE」というのは「関数」で、求めたい計算を簡単に行うための機能です。もし関数を使わずに同じ計算をするとどうでしょうか。682 個の売上個数を全部足してから 682 で割る、という気の遠くなる計算が必要ですね。関数を使えば、面倒で複雑な計算を簡単に行えるのです。

関数を入力するときは、「＝」に続けて関数名を入力し、そのあとに「( )」で囲んだ引数を入力します。セル範囲を入力する場合は、最初のセルと最後のセルを「:」でつなげます。ここで入力した「＝AVERAGE（B2:B683）」の場合は、セル B2 からセル B683 まで全部を引数にしたということです。

➲ 関数の基本ルール ［図2-2-5］

関数の基本書式 ＝ 関数名(引数)
AVERAGE関数の場合 ＝ AVERAGE(B2:B683)
意味：セルB2からB683までの平均値を求める

関数の基本ルール ・計算結果を表示したいセルに入力
・「＝」に続けて関数名を入力
・引数は「( )」で囲む
・引数にセル範囲を指定する場合は、最初のセルと最後のセルを「:」でつなぐ
・引数を複数指定する場合は、「,」でつなぐ

❶ 平均値の注意点

一方で注意すべき点もあります。皆さん、突然ですが下の数値の平均値は計算できますか？

➲ 平均値は極端な数に影響される ［図2-2-6］

1, 2, 3, 4, 5, 6, 7, 1000

答えは 128.5 ですが、おそらく多くの方は、感覚的に 3 〜 5 あたりを平均値にしたいと思うことでしょう。

このように、平均値は極端に大きい値に影響されて、データ全体の中で相対的に大きめの値になってしまうことがあります。特にデータ数が少ないときにはそのような傾向が表れるので注意が必要です。

とはいえ、データの中身を全部確認してそのような問題がないことを確認してから平均値を算出するのは、時間がもったいないことです。

平均値だけを見るのではなく、このあと紹介する「中央値」や、次章で紹介する「ヒストグラム」と合わせて確認することが重要になります。

Section 03 極端な数の影響を 受けにくい「中央値」

　平均値と並んで代表的な統計量である「中央値」について理解しましょう。**中央値は、複数の値のうち、中央に位置する値のことを指します。**[図2-3-1]のように対象となるデータを昇順で並べ替えて（ソートして）、データの数が5個であれば3番目のデータ、7個であれば4番目のデータが中央値となります。たとえば［図2-3-1］で、最も大きいデータである100が1,000や10,000に変わろうとも、データの中央の値は3のままです。このように、**中央値は極端に大きかったり小さかったりする数値の影響を受けにくい**というのが大きなメリットです。

⊃ 中央値のイメージ［図2-3-1］

[100, 1, 2, 1, 2, 3, 4, 4, 3, 3, 4]

データを並べ替え

[1, 1, 2, 2, 3, 3, 3, 4, 4, 4, 100]

中央値

中央値はとてもわかりやすい指標なのですが、数式で表そうとすると結構難解になってしまいます。本書は数学の教科書ではないので、難解なものは省略しています。

実践 中央値はMEDIAN関数で求める

それでは、先ほどの売上個数のデータの中央値をExcelで求めてみましょう。中央値はMEDIAN関数で求められます。引数には、中央値を求めたい数値が入力された範囲を指定します。練習用ファイルchap2.xlsxのchap2-1シートで、セルE4に「=MEDIAN（B2:B683）」と入力して Enter キーを押してください。

➲ MEDIAN関数で中央値を求める [図2-3-2]

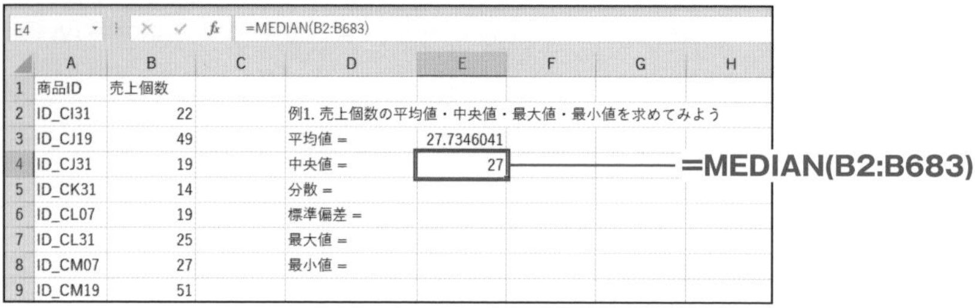

E4 =MEDIAN(B2:B683)

	A	B	C	D	E	F	G	H
1	商品ID	売上個数						
2	ID_CI31	22		例1. 売上個数の平均値・中央値・最大値・最小値を求めてみよう				
3	ID_CJ19	49		平均値 =	27.7346041			
4	ID_CJ31	19		中央値 =	27			
5	ID_CK31	14		分散 =				
6	ID_CL07	19		標準偏差 =				
7	ID_CL31	25		最大値 =				
8	ID_CM07	27		最小値 =				
9	ID_CM19	51						

=MEDIAN(B2:B683)

[図2-3-2]のように「27」と出力されたでしょうか。これは平均値の27.7と比べて、それほど違わない結果です。つまり今回のデータに関しては「売上個数にはそこまで極端に大きい値はなさそう」と予想できます。なぜかというと**「極端に大きい値が含まれれば平均値は上がるが、中央値と比べて平均値は高くない。ということは、売上個数に極端に大きな値はない」**ということです。

ここまで見てきて、「平均値は使わずに中央値だけでいいのでは？」と思うかもしれませんが、上で見たように、平均値と中央値を比べることで見えてくるものがあります。また、今回のように平均値と中央値がそこまで乖離していないようであれば、分析結果としては平均値を使っておくのが妥当だと私は考えます。なぜなら平均値のほうが「知名度が高いため」です。もし両者に大きな乖離がある場合は、適宜両方の数値を示しましょう。

Section 04
「分散」で平均値や中央値からわからない情報を得る

　平均値や中央値は、対象となるデータの「真ん中」の値を調べる統計量でした。しかし、真ん中の値を調べるだけで十分なのでしょうか？ [図2-4-1] の2つのデータを見てください。どちらのデータも平均値、中央値が5となっていて、見かけ上は同じ傾向を示しているようです。しかしデータを見ると上のパターンに比べて下のパターンは、相対的にデータがばらついていると感じたのではないかと思います。

⊃ 平均値と中央値が同じでもデータのばらつきが違う例 [図2-4-1]

[0, 1, 2, 3, 4, 5, 6, 7, 8, 9, 10]

平均値も中央値も「5」

[-20, -15, -10, -5, 0, 5, 10, 15, 20, 25, 30]

　[図2-4-1] の場合は、真ん中の値だけを見ていてもデータの傾向や全体像はつかめません。データの傾向をつかむためには**「データがどれくらいばらついているか？」**という問いが重要となります。

　そこで、データのばらつきを示すための統計量が必要となりますが、その1つが「分散」です。分散は、それによって得られた値を直接使うことはあまりありませんが、このあと紹介する「標準偏差」を計算するために必要な概念となります。分散は、平均を中心にどのくらいデータがばらついているかを表す統計量です。式の定義を説明すると、分散は各データと平均との差（偏差ともいいます）の2乗を合計してデータ数 $N-1$（データの総数から1を引いた数）で割ったもの、となります。[図2-4-2] に定義式を記載しておきましょう。

➲ 分散の公式 [図2-4-2]

$$分散 = \frac{\sum_i^N (i個目のデータ-平均値)^2}{データ数N-1}$$

練習用ファイル：chap2.xlsx

実践 分散を Excel で求める

Excel では、VAR.S（バリアンス・エス）関数[注1]を使用します。練習用ファイルの chap2-1 シートで、セル E5 に「=VAR.S（B2:B683）」と入力してください。引数には、分散を求めたい数値が入力された範囲を指定します。

➲ VAR.S関数で分散を求める [図2-4-3]

	A	B	C	D	E	F	G	H
	E5		× ✓ fx	=VAR.S(B2:B683)				
1	商品ID	売上個数						
2	ID_CI31	22		例1. 売上個数の平均値・中央値・最大値・最小値を求めてみよう				
3	ID_CJ19	49		平均値 =	27.7346041			
4	ID_CJ31	19		中央値 =	27			
5	ID_CK31	14		分散 =	95.1232942			
6	ID_CL07	19		標準偏差 =				
7	ID_CL31	25		最大値 =				
8	ID_CM07	27		最小値 =				
9	ID_CM19	51						

=VAR.S(B2:B683)

「95.1232942」と出力されたでしょうか。皆さんはこれを見ておそらく、「何が 95 なのだろうか？」と感じたと思います。値の解釈が難しいのは、定義式をよく見てもらえるとわかると思いますが、実はデータ（正確にはデータ－平均値）を「二乗」しているためです。つまり今回の場合、「95」という値の単位が「個数」ではなく「個数の二乗」になっているため、私たちが数値をうまく解釈できなくなっているのです。

これが冒頭で触れた、直接的には分散を使用する機会が少ない理由となっており、基本的には分散をもとにした標準偏差を使用します。

（注1）同じような分散を計算する関数として VAR.P 関数があります。P は Population（母集団）、S は Sample（標本）を表しています。VAR.S 関数は手元のデータがサンプルである場合に使い、VAR.P 関数は手元のデータが母集団（調べたいデータすべて）である場合に使用します。通常、分析するデータはすべて揃っているということはなく、全体の一部（＝サンプル）であることがほとんどです。そのため VAR.S 関数を使用しておけば問題ないでしょう。

Section 05 データのばらつきを把握する「標準偏差」

分散がわかってしまえば、標準偏差の定義は非常に簡単です。標準偏差も分散と同じように、データのばらつきがどのくらい大きいか、小さいかを調べるために使用します。

⊃ 標準偏差の公式 [図2-5-1]

$$標準偏差 = \sqrt{分散}$$

練習用ファイル：chap2.xlsx

実践 標準偏差を Excel で求める

分散はもとのデータの単位が二乗されているので、分散にルートをとれば、単位がもとに戻りますよね。たとえば、面積はよくcm^2（平方センチメートル）で表されます。仮に$100cm^2$の正方形があれば、一辺の長さはどうなるでしょうか？ 10cm × 10cm ですね。これを分散と標準偏差に置き換えると、分散が100であれば標準偏差は10ということになります。少し難しく数式で表せれば、$\sqrt{100} = 10$、ということになります。Excel では、STDEV.S 関数を使うと、標準偏差を求められます。引数には標準偏差を求めたい数値が入力された範囲を指定します。練習用ファイルの chap2-1 シートで、セル E6 に「=STDEV.S（B2:B683）」と入力して Enter キーを押してください。

➔ STDEV.S関数で標準偏差を求める [図2-5-2]

	A	B	C	D	E	F	G	H
	商品ID	売上個数						
1	商品ID	売上個数						
2	ID_CJ31	22		例1. 売上個数の平均値・中央値・最大値・最小値を求めてみよう				
3	ID_CJ19	49		平均値 =	27.7346041			
4	ID_CJ31	19		中央値 =	27			
5	ID_CK31	14		分 散 =	95.1232942			
6	ID_CL07	19		標準偏差 =	9.75311715			
7	ID_CL31	25		最大値 =				
8	ID_CM07	27		最小値 =				
9	ID_CM19	51						

E6 の数式バー: =STDEV.S(B2:B683)

=STDEV.S(B2:B683)

「9.75311715」と出力されたでしょうか。これは「個数」が単位となっていて、「売上個数の平均が約27.7であり、多くのデータが27.7 ± 9.75（つまり17.95 ～ 37.45）に存在する」と解釈します。注意すべき点としては、「すべてのデータが約27.7 ± 9.75に存在しているわけではない」ということです。

　標準偏差は、あくまで「全データがどの程度平均値からばらついている傾向があるか」ということを示している指標です。そのため、平均値27.7から50以上離れているデータもあれば、逆にほとんど離れていないデータも存在しているということです。

　あくまで平均的に、27.7 ± 9.75に散布している傾向にある、という捉え方、解釈をしてください。

> このように標準偏差を使用することにより、「データがどのくらいばらついているか？」というデータの傾向を把握できます。

Section 06

極端な値を探る 「最大値」と「最小値」

　最後に最大値と最小値も押さえておきましょう。文字通り対象となるデータの最も大きい値、最も小さい値を示す統計量です。もちろん Excel でも関数で簡単に算出できます。最大値を求める関数は MAX、最小値を求める関数は MIN です。どちらも引数にはデータの範囲を指定します。

練習用ファイル：chap2.xlsx

実践 最大値と最小値を Excel で求める

　セル E7 に最大値、セル E8 に最小値を求めましょう。chap2-1 シートのセル E7 に「=MAX（B2:B683）」、セル E8 に「=MIN（B2:B683）」と入力します。するとセル E7 には「61」、セル E8 には「2」と表示されます。

❏ MAX関数とMIN関数を入力する ［図2-6-1］

	A	B	C	D	E	F	G	H
	E8				=MIN(B2:B683)			
1	商品ID	売上個数						
2	ID_CI31	22		例1. 売上個数の平均値・中央値・最大値・最小値を求めてみよう				
3	ID_CJ19	49		平均値 =	27.7346041			
4	ID_CJ31	19		中央値 =	27			
5	ID_CK31	14		分散 =	95.1232942			
6	ID_CL07	19		標準偏差 =	9.75311715			
7	ID_CL31	25		最大値 =	61			=MAX(B2:B683)
8	ID_CM07	27		最小値 =	2			=MIN(B2:B683)
9	ID_CM19	51						

　このように最大値と最小値を確認することで、**「極端に大きく、小さく外れている値がないか」** を確認できます。たとえば、仮にこれで最大値が 1,000 と出てきたら、非常に多く売れている商品があることを確認できます。ただし、1,000 個も売れることが経験上現実的ではないのであれば、もしかしたら間違って入力されているかもしれません。そうした全体からして極端に外れた数値を「外れ値」といいます。外れ値の処理は第 5 章で紹介しますが、そのような値があるかどうかを確認しておいて損はありません。

07 さまざまな基本統計量を一発で求める

　さて、ここまで基本的かつ重要な統計量と、Excel 関数を使った求め方を紹介しましたが、Excel にはとても便利な「分析ツール」と呼ばれる機能があります。これを使用すると、今まで紹介した統計量を一発で出すことができます。

　ここでは練習用ファイル chap2.xlsx の chap2-1 シートを使って分析ツールを解説します。

練習用ファイル：chap2.xlsx

実践 基本統計量を一発で求める

● 分析ツールを表示する

　chap2-1 シートのセル D12 には、「例 2. 売上個数の基本統計量を分析ツールで出してみよう」と記されているので、この部分に基本統計量を算出します。まず［データ］タブの［データ分析］をクリックします❶。

⊃ 分析ツールを表示する［図2-7-1］

● 分析ツールを選択する

すると［データ分析］ダイアログボックスが表示されるので、［分析ツール］の一覧にある［基本統計量］❶を選択して［OK］ボタンをクリックします❷。

➲ 基本統計量を選択する [図2-7-2]

● データを選択する

すると［基本統計量］ダイアログボックスが表示されるので、［先頭行をラベルとして使用］にチェックを入れて❶［入力範囲］の ⬆ をクリックします❷。B列の列番号をクリックし❸、⬇ をクリックします❹。

➲ 入力元を設定する [図2-7-3]

➲ データを選択する [図2-7-4]

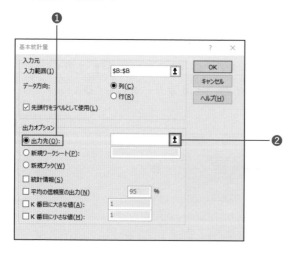

● 分析結果の表示先を指定する

[基本統計量] ダイアログボックスの [出力先] をクリックし❶、 をクリックします❷。今回は、セル D12 に計算結果を求めるので、セル D12 をクリックし❸、 をクリックします❹。

➲ 出力先を設定する [図2-7-5]

➋ 出力先のセルを選択する［図2-7-6］

● 出力する情報を選択する

［統計情報］にチェックを入れて❶、［OK］ボタンをクリックします❷。

➋ 出力する情報を選択する［図2-7-7］

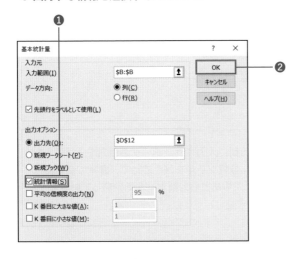

● 出力結果を確認する

　すると、基本統計量である平均値や中央値、標準偏差などが一気に表示されます❶。本書では扱いませんが、最頻値や尖度、歪度といったそのほかの統計量も出力されていることがわかります。

⊃ 結果を確認する [図2-7-8]

	A	B	C	D	E	F	G	H
7	ID_CL31	25		最大値 =				
8	ID_CM07	27		最小値 =				
9	ID_CM19	51						
10	ID_CM43	33						
11	ID_CN14	14		例2. 売上個数の基本統計量を「分析ツール」で出してみよう				
12	ID_CN43	25		売上個数				
13	ID_CO02	34						
14	ID_CO55	21		平均	27.7346041			
15	ID_CP50	26		標準誤差	0.37346616			
16	ID_CQ43	15		中央値 （メジアン）	27			
17	ID_DA01	18		最頻値 （モード）	24			
18	ID_DA02	26		標準偏差	9.75311715			
19	ID_DA03	23		分散	95.1232942			
20	ID_DA04	21		尖度	-0.0036759			
21	ID_DA07	36		歪度	0.28885417			
22	ID_DA08	24		範囲	59			
23	ID_DA10	35		最小	2			
24	ID_DA13	18		最大	61			
25	ID_DA15	25		合計	18915			
26	ID_DA16	31		データの個数	682			
27	ID_DA20	33						

❶

今回のように、対象となる列に入力されたデータの傾向を統計量をもとに調べようと思ったら、分析ツールを使うことで、非常に簡単に求められるのです。本書ではこのあとも分析ツールを使用していきます。

08 実務でも大活躍！ ピボットテーブルの使い方

　さて、今回の小売スーパーの商品データは、いくつかのタイプ（青果物／スナック食品／冷凍食品／缶類……）に分かれています。このお店は青果物を中心として扱っているので、おそらく青果物の売上個数が多いはずなのですが、「ほかにも実は売れている商品があるのではないか？」という仮説のもと、「それらの商品タイプを知ることで、青果物に加えて店舗の主力商品となるようなタイプを知っておきたい」という課題を立てたとしましょう。そこで「タイプごとの商品ID数と売上個数の平均値を求めてみる」という分析を試してみることとします。さて、皆さんであればどのようにExcelで解きますか？

　一番シンプルなやり方は、タイプの種類すべてをメモして、タイプが青果物であれば青果物だけの商品を抽出し、それらの商品ID数と売上個数の平均を関数や分析ツールを使って計算することでしょうか？　もちろんそれでもいいですが、そうするとタイプの種類数が多いと、ちょっと時間がかかり過ぎてしまいそうですよね……。そんなときには「ピボットテーブル」という機能が非常に便利です。

　ピボットテーブル自体は私も分析するときに非常によく使用します。これを機会に、確実に使える武器にしておきましょう。これは言葉で説明するよりも、まずはExcelで実際にやって確かめてみましょう。

練習用ファイル：chap2.xlsx

実践 ピボットテーブルでデータごとに集計する

　練習用ファイルのchap2.xlsxでchap2-2シートを開いてください。このシートのデータは、元データから商品ID、タイプ、価格表示、売上個数の列だけを、A列からD列に取り出したものです。

● ピボットテーブルのデータ範囲を選択する

まず A 〜 D 列を選択して、[挿入] タブの [ピボットテーブル] をクリックします❶。

⊃ [ピボットテーブル] をクリックする [図2-8-1]

● ピボットテーブルの作成先を選択する

[ピボットテーブルの作成] ダイアログが表示されます。[テーブル／範囲] に、A 列〜 D 列が設定されていることを確認し❶、ピボットテーブルの作成先を選択します。今回は、同じシートのセル F3 に作るので、[既存のワークシート] を選択し❷、[↑] をクリックします❸。

⊃ 現在のワークシートを選択する [図2-8-2]

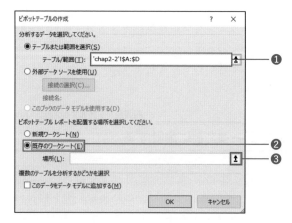

セル F3 をクリックし❹、 ⬇ をクリックします❺。

➲ セルを指定する [図2-8-3]

場所が指定できたので、[OK] ボタンをクリックします❻。

➲ ピボットテーブルの基本設定を終了する [図2-8-4]

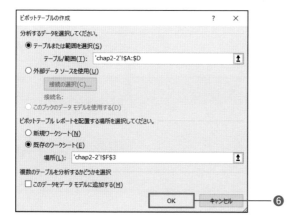

●「タイプ」内にある数値をすべて表示する

　ここからがピボットテーブル作成の本番です。まずは以下の手順のとおりに操作してみてください。

　画面右の［ピボットテーブルのフィールド］には、表内の項目が表示されていて、ここから必要なものを選択していきます。ここではタイプごとに集計するので、［タイプ］にチェックを入れます❶。するとセル F3 に「行ラベル」と表示され、その下に、タイプ列の各行にあるデータが一覧で表示されます❷。ここには、タイプ列にあるユニークな値がすべて表示されているのです。また、［ピボットテーブルのフィールド］の［行］の枠に［タイプ］があることを確認しましょう❸。

⮕ 列を選択する [図2-8-5]

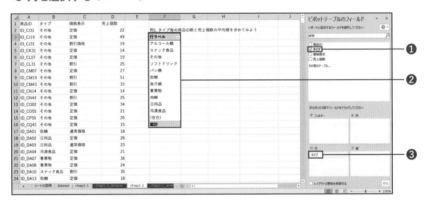

● タイプごとに集計する

　続いて、このタイプごとに集計をします。まずは、タイプごとに商品IDが何個ずつあるかを集計しましょう。

　［ピボットテーブルのフィールド］の［商品ID］❶を、右下の［値］にドラッグします❷。［個数／商品ID］と表示され❸、G列にタイプごとの「個数／商品ID」が表示されます❹。

⊃ タイプごとの商品IDの値（個数）を求める [図2-8-6]

⊃ タイプごとに商品IDがいくつあるか表示された [図2-8-7]

　商品IDは、そのタイプの商品ごとにつけられたIDであり、商品IDの数は、そのタイプの商品数を表します。よってこれでタイプごとの商品数がわかりました。主力の青果物が136個で一番多いですが、実はスナック食品も135個あり同程度の商品数があることがわかります。

　また、「（空白）」という種類が6行ありますが、これは何も値の入っていない行が6行存在しているということです。このようなものを「欠損値」といいます。欠損値は回帰分析といったモデリングの際に邪魔になるのですが、欠損値の取り扱いについては第5章で取り上げるので、ここではそのままにしておきます。

● タイプごとの売上個数の平均値を求める

さて、最後にタイプごとの売上個数の平均値を求めてみましょう。

[ピボットテーブルのフィールド]の[売上個数]を[値]にドラッグします❶。

➲ タイプごとの売上個数を求める [図2-8-8]

すると[値]枠に[合計／売上個数]と表示されるので、右側の▼をクリックし、[値フィールドの設定]を選択します❷。

➲ 値フィールドの設定を表示する [図2-8-9]

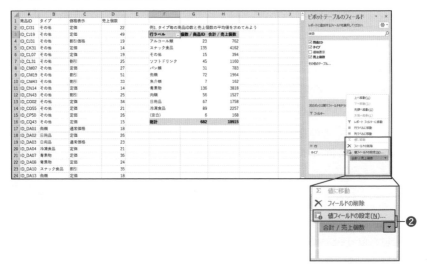

66

表示された［値フィールドの設定］ダイアログボックスで、［平均］を選択し❸、［OK］ボタンをクリックします❹。

➲ 平均値を求める［図2-8-10］

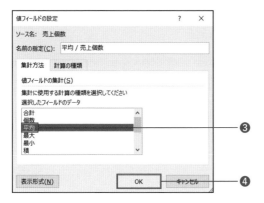

これでH列に［平均／売上個数］と表示され、タイプごとの売上個数の平均値が表示されました❺。

➲ タイプごとの平均値が表示された［図2-8-11］

	A	B	C	D	E	F	G	H	I
1	商品ID	タイプ	価格表示	売上個数					
2	ID_CI31	その他	定価	22		例1. タイプ毎の商品ID数と売上個数の平均値を求めてみよう			
3	ID_CJ19	その他	定価	49		行ラベル ▾	個数 / 商品ID	平均 / 売上個数	
4	ID_CJ31	その他	割引価格	19		アルコール類	23	33.13043478	
5	ID_CK31	その他	定価	14		スナック食品	135	30.82962963	
6	ID_CL07	その他	定価	19		その他	15	26.26666667	
7	ID_CL31	その他	割引	25		ソフトドリンク	45	25.77777778	
8	ID_CM07	その他	定価	27		パン類	31	25.25806452	
9	ID_CM19	その他	割引	51		缶類	72	27.27777778	
10	ID_CM43	その他	割引	33		魚介類	7	23.14285714	
11	ID_CN14	その他	割引	14		青果物	136	28.07352941	
12	ID_CN43	その他	割引	25		肉類	56	27.26785714	
13	ID_CO02	その他	定価	34		日用品	67	26.23880597	
14	ID_CO55	その他	定価	21		冷凍食品	89	25.35955056	
15	ID_CP50	その他	定価	26		(空白)	6	28	
16	ID_CQ43	その他	定価	15		総計	682	27.73460411	
17	ID_DA01	缶類	通常価格	18					
18	ID_DA02	日用品	定価	26					
19	ID_DA03	日用品	通常価格	23					
20	ID_DA04	冷凍食品	定価	21					
21	ID_DA07	青果物	定価	36					
22	ID_DA08	青果物	定価	24					
23	ID_DA10	スナック食品	割引	35					
24	ID_DA13	缶類	定価	18					

● 平均値が高い順で並べ替える

　このままではデータとして見づらいので、売上個数の平均値が高い順に並べ替えます。[行ラベル] セルの▼をクリックして❶、[その他の並べ替えオプション] をクリックします❷。

➲ 並べ替えオプションを選択する [図2-8-12]

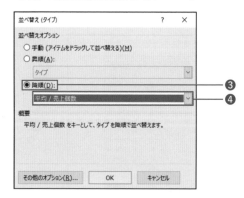

　[並べ替え] ダイアログボックスが表示されるので、[降順] を選択し❸、▼をクリックして [平均／売上個数] を選択します❹。[OK] ボタンをクリックします。

➲ 並べ替えの設定を行う [図2-8-13]

平均値の降順（大きい順）で並べ替えられました❺。

⟳ 平均値の降順で並べ替えられた ［図2-8-14］

	A	B	C	D	E	F	G	H	I
1	商品ID	タイプ	価格表示	売上個数					
2	ID_CJ31	その他	定価	22		例1. タイプ毎の商品ID数と売上個数の平均値を求めてみよう			
3	ID_CJ19	その他	定価	49		行ラベル	個数 / 商品ID	平均 / 売上個数	
4	ID_CJ31	その他	割引価格	19		アルコール類	23	33.13043478	
5	ID_CK31	その他	定価	14		スナック食品	135	30.82962963	
6	ID_CL07	その他	定価	19		青果物	136	28.07352941	
7	ID_CL31	その他	割引	25		(空白)	6	28	
8	ID_CM07	その他	定価	27		缶類	72	27.27777778	
9	ID_CM19	その他	割引	51		肉類	56	27.26785714	
10	ID_CM43	その他	割引	33		その他	15	26.26666667	
11	ID_CN14	その他	割引	14		日用品	67	26.23880597	
12	ID_CN43	その他	割引	25		ソフトドリンク	45	25.77777778	
13	ID_CO02	その他	定価	34		冷凍食品	89	25.35955056	
14	ID_CO55	その他	定価	21		パン類	31	25.25806452	
15	ID_CP50	その他	定価	26		魚介類	7	23.14285714	
16	ID_CQ43	その他	定価	15		総計	682	27.73460411	
17	ID_DA01	缶類	通常価格	18					

❺

この分析結果からわかること

　この分析結果からは主力商品の青果物が比較的売れていることのほかに、アルコール類やスナック食品の売上個数が青果物以上に高いことがわかります。

　また、この結果から「仕事終わりにお酒とスナックを一緒に買って帰るサラリーマンが多いのでは？」という仮説も成り立ちそうです。このように分析結果から新たな仮説が出てくることこそがデータを分析する価値だといえます。

　今回はデータがないため、これ以上の分析は行いません。しかし、もし実際にPOSデータなどがあれば、それらのデータをさらに分析して「本当に一緒に買われているか？」「サラリーマンらしい年齢層に買われているか？」といった仮説を検証することもできます。

　もし、検証した仮説が正しければ、新しい示唆（インサイト）が抽出できたことになります。そして、そのインサイトをもとに「仕事終わりのサラリーマンをターゲットにアルコール類やスナック食品の種類を拡充する」「アルコール類やスナック食品を仕事終わりの時間帯には目立つ箇所に配置する」といった売上を上げるための新たな施策を講じることもできるようになります。

ピボットテーブルを理解する

さて、ここまでの解説で「ピボットテーブル」で何ができるかはだいたいイメージがつかめたと思います。ここで簡単にピボットテーブルの概念を説明します。以下の図はピボットテーブルの概念図です。そもそもピボット（Pivot）とは、回転軸などを意味する単語ですが、ここでは対象とする列を「軸」としてデータを分割し、分割されたデータごとに指定の計算をする、というのがピボットテーブルの定義としてはわかりやすいでしょう。

➲ ピボットテーブルの概念図 [図2-8-15]

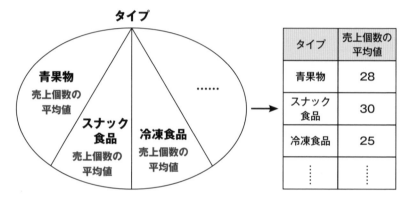

今回の例でいえば、「タイプ」という各行を対象としてデータを分割します。そのデータを「タイプごとに商品ID数をカウントする」「タイプごとに売上個数の平均値を計算する」といった計算を指定して集計するイメージです。

ここでの計算の指定は、行数のカウントといった基本的な集計から、56ページで解説した統計量を計算する、といったパターンが考えられます。統計量をしっかりと学んでおくことで、よりピボットテーブルを使いこなすことができるのです。ちなみに、ピボットの対象となる列は、今回の「タイプ」列のように、値が数値ではなくカテゴリー分けされた（「カテゴリカル」な）列だけに適用できます。仮に売上個数といった「連続」数値に適用してしまったら、数値の数の分だけデータが分割されてよくわからなくなってしまうので、注意しましょう。

　ここで行ったピボットテーブルの作成手順を確認すると、今回はタイプごとにさまざまな値を集計したいという目的でしたね。ピボットテーブルでは、まず「集計したいカテゴリ（何ごとに集計したいか）」を考え、それをピボットテーブルの行または列に指定します（64 ページの[図2-8-5]）。次に、集計したい値を指定します。今回は、タイプごとの商品 ID の個数を集計したかったので、商品 ID を値に指定しました（65 ページの[図2-8-6]）。このようにして、ピボットテーブルは「どのカテゴリのどの値を集計するか」、という順序で組み立てていきましょう。

➔ ピボットテーブルの作成手順 [図2-8-16]

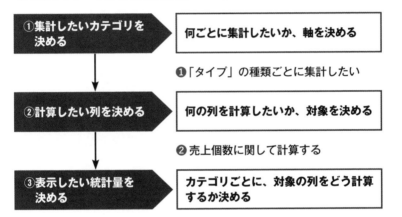

①集計したいカテゴリを決める　｜　何ごとに集計したいか、軸を決める

❶「タイプ」の種類ごとに集計したい

②計算したい列を決める　｜　何の列を計算したいか、対象を決める

❷ 売上個数に関して計算する

③表示したい統計量を決める　｜　カテゴリごとに、対象の列をどう計算するか決める

❸ タイプごとの売上個数の「平均値」を計算する

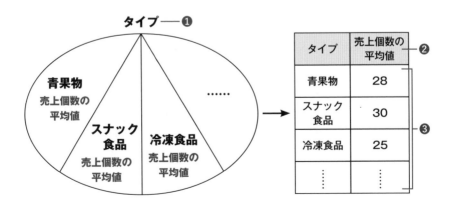

タイプ	売上個数の平均値
青果物	28
スナック食品	30
冷凍食品	25
⋮	⋮

実践 ピボットテーブルで値の表記ゆれを可視化する

　最後に私が便利だと思っているピボットテーブルの副次的なメリットも解説します。それは、「表記ゆれ」のチェックができることです。

　練習用ファイルの chap2.xlsx で、chap2-2 シートの K 列にある「例2. 価格表示ごとの ID 数と売上個数の平均値を求めてみよう」を実際に行います。まずは価格表示（その商品が定価販売か割引販売か）という列に関して、種類ごとに商品 ID を計算してみます。

　まず62ページの ［図2-8-1］ から ［図2-8-4］ を参考に、ピボットテーブルを挿入します。［ピボットテーブルのフィールド］の ［価格表示］を ［行］までドラッグします❶。すると、セル K3 に「行ラベル」と表示され、価格表示の一覧が表示されます❷。

⊃ 価格表示を行ラベルとしてピボットテーブルを挿入する ［図2-8-17］

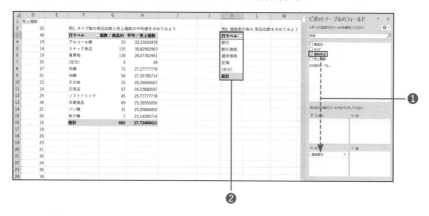

　［ピボットテーブルのフィールド］の ［商品 ID］を ［値］までドラッグします❸。すると、セル L3 に「個数／商品 ID」と表示され、商品 ID の個数の一覧が表示されます❹。

➲ 価格表示ごとの商品IDの個数を集計する ［図2-8-18］

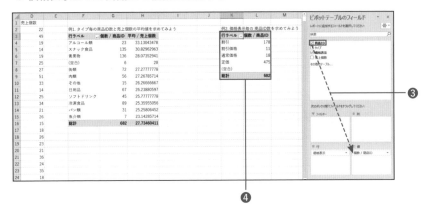

　ここまでで、価格表示ごとの商品 ID の個数が表示されました。

　よく見ると、「通常価格」という値が 18 個、「割引価格」という値が 11 個存在していますが、ほとんどの行は「定価」または「割引」と表示されています。これは「定価」は「通常価格」のことではないか。また、「割引」は「割引価格」のことではないかと考えられます。つまり、値の種類は同じなのに、ラベルづけがバラバラという状態です。このように、本質的には同じ値なのに表記が異なる状態を「表記ゆれ」といいます。

　そのような表記ゆれは、「異なった記載者が特にルールがない状態で別々に記載してしまった」「過去と現在でシステムの処理が変わり記載内容が変わってしまった」などさまざまな原因により引き起こされている可能性があります。本来であれば、そもそもこのような表記ゆれが起こらないように、組織やチームでデータの登録方法に関して適切なルールを設けて、しっかり情報共有しながらデータを蓄積していくように心がけていきたいところです。しかし、そうはいってもすぐには適切な形でデータの蓄積がされないケースが多いでしょう。その場合は私たち分析する側で、適切な処理を施していく必要があります。

これらの値は、本当は同じものなので、表記ゆれを訂正する処理を行わなければいけません。表記ゆれの処理に関しては第5章で詳しく解説します。

表記ゆれがあると何が問題なんですか？

本当は同じ種類のデータなのに、別の種類のデータとして扱われてしまいます。

なるほど。そうすると、本来得たいものとは異なるデータが得られてしまいますね。

私がここで強調したいのは、ピボットテーブルを使ったことで表記ゆれのチェックもできたということです。そのため、分析対象のデータにあるカテゴリカルな列すべてを、ピボットテーブルにしておいても損はありません。

Tips 表記ゆれかどうかはデータ管理者に確認

　なお、今回のケースはどの項目同士が表記ゆれをしているかひと目でわかるような「ゆれ」でしたが、いつもひと目でわかるとも限りません。

　そのような場合は、データを取得した、もしくは管理している人やチームや部署にヒアリングしましょう。分析官の勝手な思い込みで表記ゆれを捉えてしまうと、のちに認識違いにより分析の手戻りが生じることもあります。しっかり分析に関わるメンバー間でそのような事象を共有することも非常に大切です。

Chapter 3

実務ですぐ使える
データ可視化をマスターする

01 何のためにデータを 可視化するのか

基本的な統計量の求め方についてはわかったんですが、何か物足りないというか、数字だけ見てもなんだかよくわからなくないですか？

そうですね。統計やデータ分析は、数値を求めて終わりでなく、ぱっと見で傾向がつかめるようにする必要があります。そのことを「可視化」といいます。

「可視化」ですか。えっと、見えるようにするということ？

字面は難しそうですが、要するにグラフなどを使ってビジュアルでわかりやすく表すのが可視化の目的です。

グラフなら馴染みがありますね。

一言でグラフといってもいろんな種類がありますが、ここではヒストグラムや棒グラフ、散布図などのよく使う可視化の手法をいくつか紹介していきますね。

データの可視化でわかること

　さて、前章では平均値や標準偏差といった重要な基本統計量の指標を紹介しました。しかし、「データの傾向をつかむ」という観点からは、統計量のみならずデータの可視化も理解しておくべきトピックとなります。データの可視化とは、データを視覚的に把握できるようにグラフなどにすることです。その一例ですが、[図3-1-1]を見てください。この図は「散布図」と呼ばれる可視化方法です。詳しくは後ほど紹介しますが、横軸 x と縦軸 y の2次元空間にデータを並べています。この2つの散布図を見て、おそらく全然違う傾向を持つデータだと感じたのではないでしょうか？

◯ 可視化したデータの例 [図3-1-1]

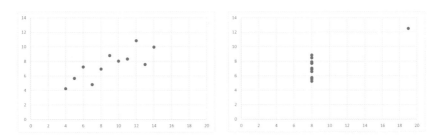

左のグラフと右のグラフを見比べると、まったく異なる傾向のデータであることがわかる

　しかし、実は**どちらの図も、「x軸の平均は9、分散は11」「y軸の平均は7.5、分散4.12」**なのです。これは「アンスコムの例」と呼ばれる、アンスコムという学者によって紹介された数値例から引用しているのですが、データの統計量だけではなく、しっかりデータを可視化して傾向をつかむことの重要性を示唆しています。

　基本統計量とデータ可視化はセットといってもいいかもしれません。改めて、「なぜデータを可視化するのか？」というと、データの傾向をより正確

に把握するためです。

➲ データの把握には統計量だけではなく可視化も必要 [図3-1-2]

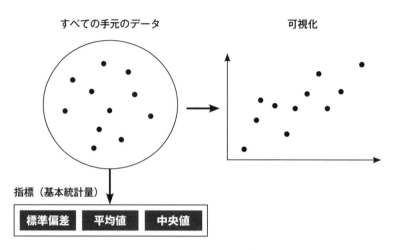

「平均値」などの基本統計量は指標の1つ。データそれぞれの傾向を表す「可視化」が必要

　第3章では、特に知っておいてほしい可視化の手法を5つ紹介します。それは実務で使用頻度の高い「①ヒストグラム」「②棒グラフ」「③ヒートマップ」「④散布図」「⑤相関行列」です（[図3-1-3]～[図3-1-7]）。ここでは私や私が所属してきたデータサイエンスチームが実際の案件やプロジェクトにてよく使用していた可視化手法を中心的に取り上げていますので、皆さんも、「実際に自分たちの現場で使えないか？」といった視点で見てください。

➲ ヒストグラム [図3-1-3]

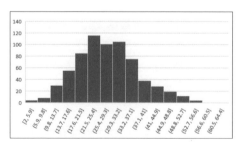

ヒストグラムは、データがある値の範囲内にどの程度存在しているか？を把握するための可視化手法。80ページ参照

➲ 棒グラフ [図3-1-4]

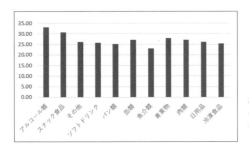

棒グラフは、データ間の大小を比較するための可視化手法。89 ページ参照

➲ ヒートマップ [図3-1-5]

	割引	定価
アルコール類	33.000	32.125
スナック食品	33.600	29.646
その他	33.500	24.100
ソフトドリンク	30.462	23.966
パン類	31.143	23.409
缶類	30.714	26.021
魚介類	31.000	17.250
青果物	30.457	27.400
肉類	29.882	26.556
日用品	32.133	24.500
冷凍食品	25.000	25.364

ヒートマップは、3 次元データを 2 次元で表現するための可視化手法。94 ページ参照

➲ 散布図 [図3-1-6]

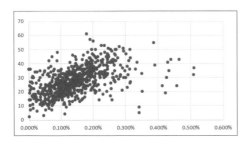

散布図は、2 つの連続データの相関を見るための可視化手法。相関については、98 ページ参照

➲ 相関行列 [図3-1-7]

	重量	占有率	仕入単価	商品単価	売上個数
重量	1				
占有率	-0.0026929	1			
仕入単価	-0.0329795	0.01685239	1		
商品単価	-0.0486679	-0.0086283	0.9684325	1	
売上個数	-0.0086358	0.52907231	0.0017587	-0.048185	1

相関行列は、さまざまな変数の相関度合いを比較するための可視化手法。109 ページ参照

02 データ分布の形状を把握する「ヒストグラム」

ヒストグラムで商品単価の傾向を可視化する

可視化にはいくつもの手法がありますが、そのうちヒストグラムは基本的かつ重要なものの1つです。ヒストグラムとはデータの分布、つまり**「データが、ある値の範囲内にいくつ存在しているか」**を把握するための可視化手法です。これによって、商品単価や販売個数、重さ、といった1つの変数（変数とは、固定された値ではなく、さまざまな値を取る数のことを指します）に関して、それがどのように分布しているのかを把握できます。実際にExcelで作成してみましょう。

練習用ファイル：chap3.xlsx

実践 売上個数のヒストグラムを作成する

売上個数のヒストグラムを作成してみましょう。練習用ファイルのchap3.xlsxで、chap3-2シートを開いて次のように操作します。まずヒストグラムにしたい売上個数のデータが入力されたセルC2からセルC683を選択します❶（選択については83ページのTips参照）。[挿入]→[統計グラフの挿入]をクリックし❷、[ヒストグラム]を選択します❸。

➲ データを選択する [図3-2-1]

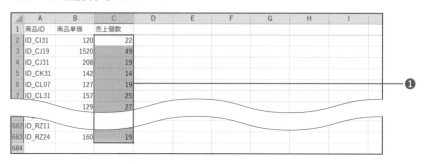

➡ [ヒストグラム] を選択する [図3-2-2]

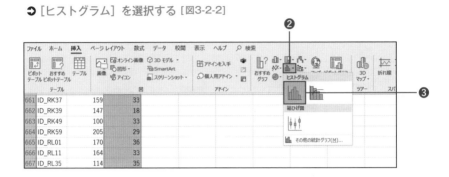

　ヒストグラムができました❹。内容を確認してみましょう。上述の通りヒストグラムは、データが指定範囲にいくつ存在しているかを視覚的に表したものです。このヒストグラムを見ると、横軸には [2, 5.9] [5.9, 9.8] [9.8, 13.7] …… [60.5, 64.4] までカンマで区切られた値が記載されています[注1]。これは、どこからどこまでの範囲かをカンマで区切って示しており、たとえば [2, 5.9] であれば、売上個数が2から5.9までの範囲を示しています。そして縦軸は、データがいくつ存在するかを示しています。ためしに縦棒グラフにマウスポインターを合わせてみましょう。「値：4」のように数値が表示され、その縦棒グラフが表す値を確認できます❺。

➡ ヒストグラムを確認する [図3-2-3]

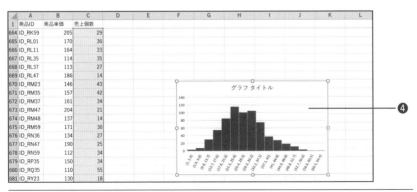

(注1) 横軸の数値は実際には ( )で括られています。

● 値を確認する [図3-2-4]

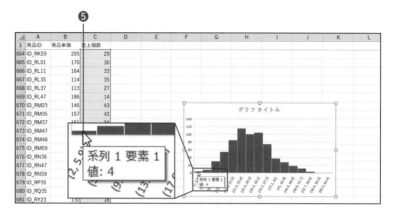

ヒストグラムからわかること

　さて、できあがったヒストグラムを見ると、売上個数は ［25.4, 29.3］ を中心に、概ね左右対称に分布しているのがわかるかと思います。統計学では、**左右対称で釣鐘状となる分布のことを「正規分布」といいます**。このヒストグラムは、正規分布に近い形であるといえます。

● 正規分布 [図3-2-5]

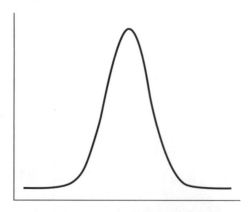

上図のような左右対称で釣鐘型の分布のことを「正規分布」という

さて、81ページの[図3-2-3]の左側を見ると、[2, 5.9] となっており、2以下の数値は存在しないこともわかります。売上個数は正の値しか取り得ないため、「今回の売上個数には異常な値はなさそうである」と考えられます。なお、**もしヒストグラムでマイナスの範囲に値が存在していたら、異常な値が入っているといえ、その原因を探らなければなりません。**

またヒストグラム全体を俯瞰すると、平均的には20〜30個の売上個数となっている商品で構成されており、売上個数が非常に多い超人気商品はない傾向がわかります。つまり、ある一部の商品に依存しておらず、販売商品が(もちろん多少のばらつきはありますが)バランスよく販売されていそうであることが読み取れます。

Tips 多数行を一気に選択する

数百行もあるデータを一度に選択するには、ショートカットキーを使うのが便利です。たとえばセルC2からセルC683を選択する場合は、セルC2を選択し、[ctrl]キーを押しながら[shift]＋[↓]キーを押します。[shift]キーは、選択範囲を広げる機能を持っていますね。一方の[ctrl]キーは、[←][↑][↓][→]キーと一緒に押すことで現在のデータ領域の末端までジャンプする機能を持っています。この機能を組み合わせることで、行全体を一気に選択できるというわけです。なお、途中で空白セルが含まれていると、空白セルの上のセルまでが選択されます。

➲ データ範囲を一気に選択 [図3-2-6]

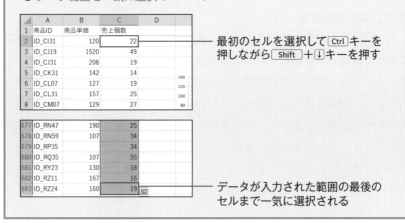

最初のセルを選択して[Ctrl]キーを押しながら[Shift]＋[↓]キーを押す

データが入力された範囲の最後のセルまで一気に選択される

Chapter 3 実務ですぐ使えるデータ可視化をマスターする

実践 外れ値があるヒストグラムとその対処法

次に、セル B2 からセル B683 の商品単価のヒストグラムを作成してみると、何やら売上個数のときのように左右対称な（正規分布の形状に近い）分布となっておらず、横軸の右側に大きな余白が残ってしまっています（[図3-2-7]）。これは表示がうまくいっていないのではなく、少数の極端に大きな値が存在しているためです。私たちの目には少々見えにくいですが、実は右側にも数値が分布しており、少ない行数かもしれませんが表示されているのです。

➲ 外れ値があるヒストグラム [図3-2-7]

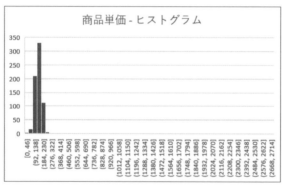

グラフ上は見えないほど少ないが、右側にも数値がある

❶ 外れ値を確認する

ヒストグラムの見た目がこのように極端な場合は、外れ値（全体から極端に離れた数値）が存在している可能性が高いため、実際に外れ値を確認してみます。前章で学んだMIN関数やMAX関数で最小値、最大値を求めてもいいですが、それでは外れ値が何行目にあるかわからないので、実際にデータを確認するしかありません。商品単価を降順（大きい順）に並べ替えて、明らかに大きい値をチェックしましょう。

B列を並べ替えて確認します。セルB1を選択して❶、[データ]タブの[フィルター] をクリックします❷。セルB1に表示される▼をクリックし❸、[降順] をクリックします❹。

➲ ［フィルター］を設定 [図3-2-8]

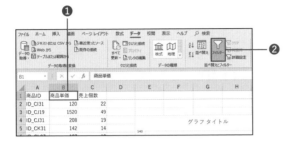

➲ 降順で並べ替える [図3-2-9]

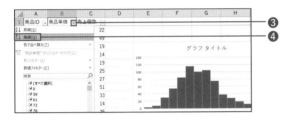

　B列の商品単価が高い順に並べ替えられます。その結果、ID_CM19 が
2680 円、ID_CJ19 が 1520 円となっており❺、それ以降のデータを比べると
非常に大きい値となっています。

➲ 値を確認する [図3-2-10]

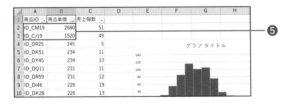

　このような外れ値は、今後の分析のことを考えると、いろいろと悪さをし
てしまうので、基本的な方針は「使用するデータセットから外す」ことがほ
とんどです。たとえば前章で学んだように、平均値が外れ値に引きずられて
実態とは異なる値になってしまったり、線形回帰モデルでは、正確な解が出
せなかったりすることが知られています。この部分に関しては第6章で学び
ます。

Chapter 3 実務ですぐ使えるデータ可視化をマスターする

❷ 外れ値を含めずにヒストグラムを作成する

　この2行（セルB2とセルB3）を入れずに、もう一度ヒストグラムを作成してみましょう。セルB4からセルB683を範囲としてヒストグラムを作成すると、[図3-2-11]のような結果になります。外れ値の2つを外すと、売上個数のヒストグラムと同様に、左右対称の分布になっています。

➲ 外れ値を外したヒストグラム [図3-2-11]

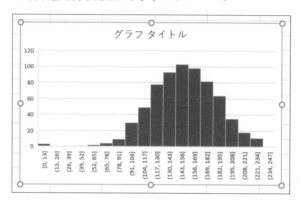

　しかし、よく見ると、左側の［0, 13］にもデータが存在していることがわかります。今度は小さい値が存在していそうですね。実際にB列のデータがある一番下（セルB681～セルB683）を見ると、0のデータが3つ存在していることがわかるはずです。

　商品単価が0円というのはおかしいので、おそらく何かしらの原因によって間違って登録されたデータである可能性が高いです。このようなデータも、今後の分析では外すようにしましょう。

ヒストグラムと統計量の関係

　ここまでで2つの変数（売上個数と商品単価）を例にヒストグラムを学んできましたが、ヒストグラムからさまざまな傾向をつかめそうだと感じられたでしょうか。ヒストグラムはデータ全体の分布を直接表現できるので、基本統計量だけではわからない部分まで把握可能な強力な可視化手法です。

　最後に、ヒストグラムと基本統計量の関係を押さえておきましょう。まず、改めてヒストグラムを見る際の論点を整理しておきます。基本的には以下の点を意識しながら、ヒストグラムを眺めてみましょう。

⊃ ヒストグラムの見方［図3-2-12］

・山がいくつあるか？

・外れ値がないか？

・データの「中心」はどのあたりか？

・データの「ばらつき」はどの程度か？

　最後の2つに関しては特に、前章で学んだ「平均値」「中央値」「分散」「標準偏差」と関係してきます。どういうことかというと、**ヒストグラムの中心が平均値や中央値に対応し、ヒストグラムのばらつきが分散や標準偏差と関係している**のです。この関係性のイメージを頭の中に入れておきましょう。

⊃ ヒストグラムと基本統計量の関係［図3-2-13］

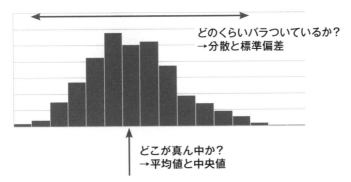

どのくらいバラついているか？
→分散と標準偏差

どこが真ん中か？
→平均値と中央値

また最後に、山の数も、基本統計量との関係があります。山が２つある場合は、平均値や中央値を計算してしまうと、それらの値は山と山の間あたりの値になってしまうため、データの傾向を適切に表していない可能性が高くなります。そのような、山が１つのきれいな（釣り鐘状の）分布となっていない場合に「必ずこうすべき」というやり方があるわけではありません。基本的にはデータを細かく見ることでどういう状態になっているかを確認しましょう。

　たとえばもし下図のように山が２つある場合は、異なる集団が含まれてる可能性があります。男性と女性、年齢が低い、高い層で異なる性質を持っているために山が分かれている、といった具合です。したがって、ヒストグラム上で山が分かれている部分の値を閾値としてデータを区切ったときに、年齢や性別などの様々なデータ列（変数）で集計して、どのような変数が分布の形状に影響を与えているのか、などを調べるようにしましょう。そのような変数が見つかれば、その変数に基づいてデータの集団を２つに分けてそれぞれで分析を行う、などの対応が考えられます。

➔ ヒストグラムの山の形状を確認 [図3-2-14]

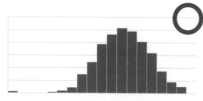

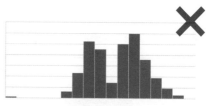

山が１つなので平均値や中央値に意味がある　　山が２つなので平均値や中央値はよい統計量ではない

Section

03 グループ同士を比較する「棒グラフ」

変数間のカテゴリ同士の比較に使う「棒グラフ」

　続いては「棒グラフ」です。比較的馴染みのあるグラフだと思いますが、ここでその機能を確認しておきましょう。棒グラフは基本的に、変数間の大小を比較したいときに使用します。[図3-3-1]のイメージのように、横軸は変数の値（グループ、水準）であり、縦軸はデータの個数を表す場合とデータの値を表す場合があります。つまり、「カテゴリカル変数×連続変数」を可視化する際に使います。また特に「（[図3-3-1]における）縦軸が何を表しているか」は必ず注意して見ておくようにしましょう。

❏ 棒グラフは変数間の大小比較に用いる [図3-3-1]

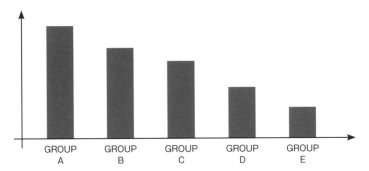

GROUP A　GROUP B　GROUP C　GROUP D　GROUP E

ここがポイント！

● 棒の高さは、データの個数か、データの値かを区別する

棒グラフと折れ線グラフの使い分け

しばしば「棒グラフ」と「折れ線グラフ」の使い分けに困るかもしれませんが、折れ線グラフは基本的に（時間などを通じた）推移や変化を表したいときに使います。[図3-3-2]のような、株価の推移などといったものがわかりやすいでしょう。

つまり、それぞれが独立した集団のデータであれば「棒グラフ」、一連の関係性がある集団のデータであれば「折れ線グラフ」が向いている、と考えるのがおすすめです。

したがって、商品 A、B、C の売上個数のような場合は、それぞれが独立しているため、棒グラフが向いています。また、7日前、6日前、5日前……1日前の株価のような場合は、一連の関係性がある集団のデータであるため、折れ線グラフが向いているといえるでしょう。したがって棒グラフを使用したいときは、推移や変化を表すわけではなく、きちんと変数間での比較ということを表しているかどうか、を確認しておきましょう。

→ 折れ線グラフは時間による推移を示すときに用いる [図3-3-2]

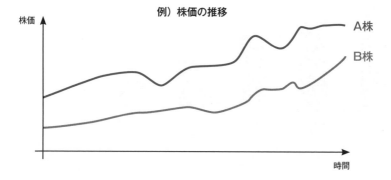

ここがポイント！

● 推移や変化を確認したいときは折れ線グラフを用いる
● 折れ線グラフの横軸には時間などの変化を表す連続数値

練習用ファイル：chap3.xlsx

実践 タイプ別の売上個数の棒グラフを作成する

　それでは実際に Excel で棒グラフを作成してみましょう。データさえあれば、作成自体はとても簡単です。練習用ファイル chap3.xlsx で chap3-3 シートを開いてください。前章のピボットテーブルで作成した商品タイプごとの平均売上個数が記載してあります。この表を使って、棒グラフを描いてみましょう。

　セル E3 からセル F14 セルを選択します❶。［挿入］タブの［縦棒／横棒グラフの挿入］にある［集合縦棒］をクリックします❷。これでタイプごとの平均売上個数の棒グラフが作成できました❸。

実務ですぐ使えるデータ可視化をマスターする

⤴ グラフにする範囲を選択する［図3-3-3］

⤴ グラフの種類を選択する［図3-3-4］

⭗ 売上個数の棒グラフが完成した [図3-3-5]

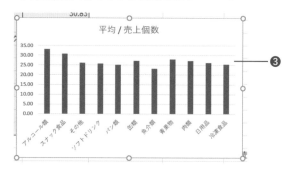

平均 / 売上個数

❸

練習用ファイル：chap3.xlsx

実践 棒グラフは縦軸の値でソートする

棒グラフを作るときのポイントは、縦軸の値ごとに並べ替えることです。こうすることで見やすくなります。

練習用ファイルchap3.xlsxのchap3-3シートで、85ページの[図3-2-8]と[図3-2-9]を参考にセルF3にフィルターを設定し、降順で並べ替えます❶。セルE3からセルF14を選択し、91ページの[図3-3-4]を参考に棒グラフを作成すると、平均売上個数が大きい順に棒グラフが作成されます❷。

⭗ データを降順で並べ替える [図3-3-6]

	A	B	C	D	E	F	G	H
1	商品ID	タイプ	売上個数					
2	ID_CJ31	その他	22		例1. タイプ毎のID数と売上個数の平均値を求めてみよう			
3	ID_CJ19	その他	49		タイプ	平均 / 売上個数		
4	ID_CJ31	その他	19		アルコール類	33.13		
5	ID_CK31	その他	14		スナック食品	30.83		
6	ID_CL07	その他	19		青果物	28.07		
7	ID_CL31	その他	25		缶類	27.28		
8	ID_CM07	その他	27		肉類	27.27		
9	ID_CM19	その他	51		その他	26.27		
10	ID_CM43	その他	33		日用品	26.24		
11	ID_CN14	その他	14		ソフトドリンク	25.78		
12	ID_CN43	その他	25		冷凍食品	25.36		
13	ID_CO02	その他	34		パン類	25.26		
14	ID_CO55	その他	21		魚介類	23.14		
15	ID_CP50	その他	26					

❶

⮕ 平均売上個数が大きい順の棒グラフが完成した [図3-3-7]

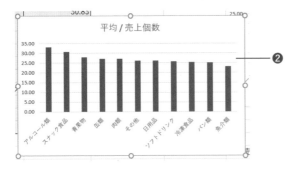

棒グラフを作るときの注意点

さて、棒グラフ自体は非常に簡単に作成できますが、注意点があります。まず、[図3-3-8]の2つの棒グラフを見比べてください。両者で少し見た目が違いますが、実は同じ情報を示しています。では何が違うかというと、縦軸（y軸）の原点が左図は0で、右図は22となっています。

右図のように縦軸を途中の値からとすれば微細な差でも重大な差であるかのような印象を与えられます。したがって、作成する際も図を見る際も、特に縦軸のスタート値には注意が必要です。原点は0にするのが原則です。

⮕ 棒グラフの原点に注意 [図3-3-8]

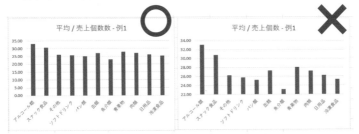

棒グラフは、縦軸の目盛りによって見た目の印象が変わってくる。縦軸の原点は「0」にするのが原則

ここがポイント！

- ●棒グラフは縦軸の数字に注目
- ●縦軸の原点は0にする

実務ですぐ使えるデータ可視化をマスターする Chapter 3

04 行列型のデータの特徴を把握できる「ヒートマップ」

ヒートマップの使いどころ

ヒートマップは、2次元データを色の濃淡で表したものです。Webページの分析ツールの1つとして、訪問者がページ内のどこをクリックしたかを可視化するのにも利用されていますが、ヒートマップはExcelでも作成できます。

まずヒートマップの使いどころの説明に入る前に、改めて棒グラフの利用シーンをおさらいしておきましょう。棒グラフは、「カテゴリカル変数×連続変数」を可視化する際に使うのでした。では、もし「2つのカテゴリカル変数×連続変数」を知りたければ、どうすればいいでしょうか? まず思い浮かぶのが、軸を1つ増やして棒グラフを3次元で表すことかもしれません。しかし、原則として3次元のグラフは使ってはいけません。なぜならば、[図3-4-1]のように奥のものが本来の値よりも小さく、手前のものは本来の値よりも大きく見えてしまうためです。これではデータの解釈を見誤る可能性があるので、基本的にグラフは2次元である必要があります。

➔ 3次元棒グラフ [図3-4-1]

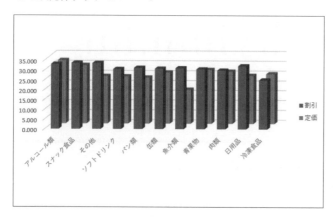

　では、どうすればよいかというと、そのやり方の1つがヒートマップです。ヒートマップも考え方はそこまで難しくありません。行列の形において、2つのカテゴリカル変数を行と列として、ある行ある列ごとに、1つの連続変数の値を入れ込みます。

　しかしそれだけでは可視化したことにならないので、数字の大小で色の濃淡をつけて、どの部分の値が大きいか、または小さいかを視覚的に把握できるようにするのです。

⤷ ヒートマップ [図3-4-2]

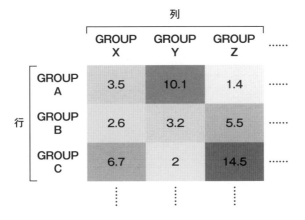

行も列もカテゴリカル変数（性別：男・女、血液型：A・B…）で、それぞれに1つの連続変数（人数）を可視化する

3次元で表現するのは、棒グラフだけではなく、すべてのグラフでNGと考えましょう。

実践 ヒートマップを Excel で作成してみよう

　Excel でやってみましょう。練習用ファイル chap3.xlsx で chap3-4 シートを開いてください。このシートのセル G22 からセル H32 には、あらかじめタイプごと、価格表示ごとの平均売上個数の表が作ってあります（価格表示は「割引」と「定価」のみ表示）。この表をヒートマップにしてみましょう。

　セル G22 からセル H32 を選択し❶、［ホーム］タブの［条件付き書式］にある［カラースケール］から好きな色を選択してみましょう❷。

　対象とした部分に関して、値が大きいセルがより赤く濃く色づけされているのがわかるでしょうか？❸

➲ カラースケールを選択する［図3-4-3］

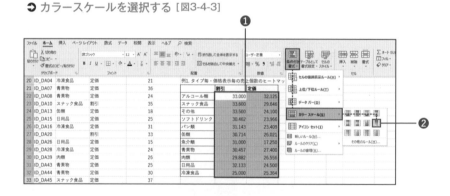

➲ 値が大きいセルが濃く色付けされた［図3-4-4］

▲	A	B	C	D	E	F	G	H	I	J
19	ID_DA03	日用品	通常価格	23						
20	ID_DA04	冷凍食品	定価	21		例1. タイプ毎・価格表示毎の売上個数のヒートマップを作成してみよう				
21	ID_DA07	青果物	定価	36			割引	定価		
22	ID_DA08	青果物	定価	24		アルコール類	33.000	32.125		
23	ID_DA10	スナック食品	割引	35		スナック食品	33.600	29.646		
24	ID_DA13	缶類	定価	18		その他	33.500	24.100		
25	ID_DA15	日用品	定価	25		ソフトドリンク	30.462	23.966		
26	ID_DA16	冷凍食品	定価	31		パン類	31.143	23.409		
27	ID_DA20		割引	33		缶類	30.714	26.021		
28	ID_DA26	日用品	定価	15		魚介類	31.000	17.250		
29	ID_DA28	冷凍食品	定価	24		青果物	30.457	27.400		
30	ID_DA39	肉類	定価	26		肉類	29.882	26.556		
31	ID_DA43	青果物	定価	25		日用品	32.133	24.500		
32	ID_DA44	青果物	定価	30		冷凍食品	25.000	25.364		
33	ID_DA45	スナック食品	定価	37						

　これを見ると、だいぶわかりやすく結果を見ることができますね。列で見ると、全体的に定価の商品より割引した商品のほうが売上個数は多そうです。

また、行で見ると、アルコール類とスナック食品などが高く、両方を鑑みるとアルコール類とスナック食品の割引の売上個数が 33 個と一番高いセグメントであるといえそうです。

　一方でソフトドリンクやパン類の定価商品は少々足を引っ張っていそうでしょうか。これらのセグメントは、より一層の強化が必要かもしれません。

> このように、ヒートマップは誰にでもわかり、Excelでも簡単に作成できる強力な手法なので、ぜひ覚えておきましょう。

Chapter 3　実務ですぐ使えるデータ可視化をマスターする

Tips　ヒートマップは何色がよいか？

　ヒートマップの色を工夫しておくと、見栄えもよくなり相手に内容が伝わりやすくなります。今回の演習のように、すべての（売上個数の）値が 0 以上であるような場合は、単一色でグラデーションをつけるとわかりやすいと思います。その際の色は何でもよいでしょう。特にこだわりがなければ赤や青などのメインカラーでよいですし、会社のロゴ色やチームで決めている標準の色などがあれば、それらを使用するのがよいでしょう。

　また、仮にプラスの値やマイナスの値などが存在しているような場合は、「0 を基準としてマイナスは赤、プラスは青、値が大きくなるほど色が濃くなるグラデーション」といった色づけにしておくと、読み手に色による印象を与えて、より理解しやすくなるでしょう。

　行や列といったカテゴリごとに色を分けるといったやり方もありだとは思いますが、あまり色を増やしすぎると見にくくなってしまいます。できるだけ少ない色でわかりやすくビジュアライズすることが重要です。

05 2つの変数の関係を 確認する「散布図」

データ同士の関係性の強さを可視化する「散布図」

　ここまで、ヒストグラム、棒グラフ、ヒートマップを見てきましたが、改めて整理すると、以下のような場合にそれぞれのグラフが適用できます。

⊃ ヒストグラム、棒グラフ、ヒートマップの役割 [図3-5-1]

> **ヒストグラム**：「1つの連続変数」
>
> 　　**棒グラフ**：「1つのカテゴリカル変数」や「1つのカテゴリカル変数 × 連続変数」
>
> **ヒートマップ**：「1つの連続変数」や「1つ以上のカテゴリカル変数 × 連続変数」

　では、たとえば売り場における商品の占有率と、その商品の売上数のような「連続変数 × 連続変数」の関係性を知りたいときはどうすればよいでしょうか？　そのときは「散布図」を使用しましょう。作り方もとても簡単です。対象とする2つの連続変数を横軸と縦軸において、それぞれのデータを点にして値に応じて並べるだけです。

　非常にシンプルですが、これによって両変数がどのくらい「相関」しているかが可視化できます。**相関とは、ある変数の値が増加または減少すれば、もう他方の変数の値もそれに伴って増加、減少する関係性のこと**です。その関係性がどのくらいの強さであるかが、相関の強さを指し示すこととなります。統計学においては非常に重要な指標の1つです。

　ほかの例も見てみましょう。たとえば、算数の得点が高い人は理科の得点も高い傾向にありそうです。その場合、算数の得点と理科の得点のデータを

散布図にすると、[図3-5-2]のように右肩上がりの傾向をもった散布図として可視化されるはずです。一方で、少々異なる例になりますが、商品単価が高いほど売上個数は少なくなる傾向があったとしましょう。その場合、商品単価と売上個数のデータを散布図にすると、今度は逆に右肩下がりの傾向をもった散布図として可視化されるはずです。

➲ 散布図のイメージ [図3-5-2]

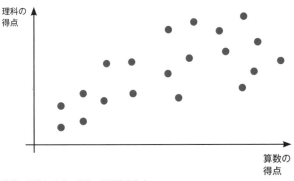

算数の得点と理科の得点の関係性を表す

実際に相関の強さを測るための指標を「相関係数」といいます。相関係数をもとにして作成される相関行列というものがあり、それは次のSection 06で紹介するので、ここでは、まずは散布図を可視化することに留めておきましょう。

ここがポイント！

● 変数同士の相関関係を表現したいときに散布図を使う
● 横軸も縦軸も連続変数にする

実践 散布図を Excel で作成してみよう

Excelで散布図を作成します。練習用ファイル chap3.xlsx で chap3-5-1 シートを開いてください。まずは商品ごとの占有率と売上個数の関係性を可視化してみましょう。ちなみに占有率とは、第2章の[図2-1-2]（45ページ）で示したように、店舗面積におけるその商品が置かれた面積のことです。両者ともに連続変数なので、散布図が描けそうですね。

B列とC列を選択し❶、［挿入］タブの［散布図］から［散布図］を選択します❷。横軸にB列の占有率、縦軸にC列の売上個数として、データがすべてプロットされます❸。

➲ データを選択して散布図を作成する [図3-5-3]

➲ 完成した散布図 [図3-5-4]

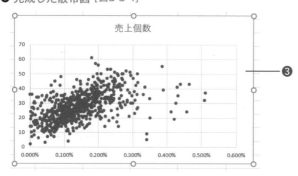

　さて、この結果を見るとどうでしょう。全体を見ると、点の塊が右上に傾いていることがわかります。このことから、占有率が上がるほど、売上個数も上がっている傾向が読み取れます。一般常識的には、店舗内でその商品が占める面積が大きくなるほど、より購入顧客に見られて売上個数は上がっていきそうです。

　もしかしたら、よく売れている商品だから占有率が高くなるように配置している可能性もあります。しかしそれをいうと「鶏が先か卵が先か」の問題になるため、ここではそこまで細かいことは考えないこととしましょう。

練習用ファイル：chap3.xlsx

実践 散布図に近似直線を追加する

　散布図の作り方は以上ですが、このあと学ぶ相関行列や線形回帰モデルに少しつながる部分があるので、散布図の相関度合いを示す近似直線という表現を押さえておきましょう。

　練習用ファイル chap3.xlsx の chap3-5-1 シートで散布図を選択し❶、［デザイン］タブの［グラフ要素を追加］をクリックします❷。［近似曲線］の［線形予測］をクリックすると❸、散布図上に直線が引かれます❹。

⮕ 散布図を選択して［グラフ要素の追加］をクリックする [図3-5-5]

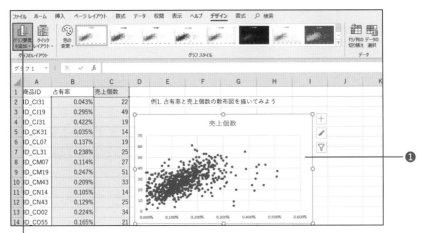

➲ 近似曲線（線形予測）を追加する［図3-5-6］

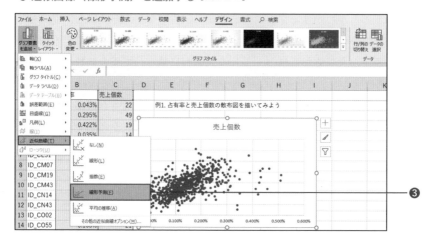

➲ 軸の書式設定を表示する［図3-5-7］

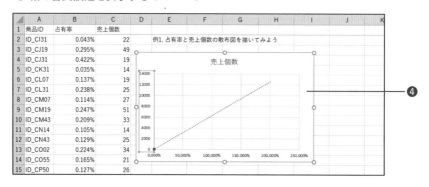

　このとき、自動的に作成されたグラフの縦軸と横軸の最大値が大きすぎて、データの内容によってはデータの点が見えなくなってしまう場合があります。データが存在する範囲が軸に対して相対的に小さくなってしまうためです。この場合は、次の手順で軸の範囲を修正します。まずは売上個数の軸を選択した状態で右クリックし❺、［軸の書式設定］を選択します❻。

⇨ 売上個数の最大値を変更する［図3-5-8］

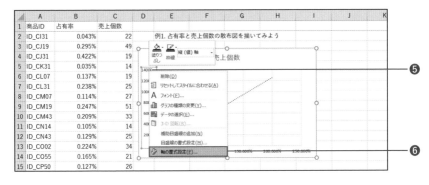

［軸の書式設定］の［境界値］の［最大値］を「70」にします❼。

⇨ 占有率の最大値を変更する［図3-5-9］

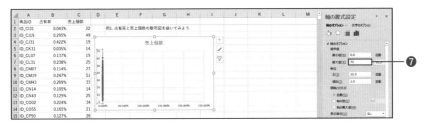

　同様に、占有率の軸の［軸の書式設定］を開き、［境界線］の［最大値］を「0.006」にします❽。それぞれの軸の最大値を元データの最大値に揃えることで、散布図の表示領域を調整したということです。

⇨ 散布図に近似曲線が表示された［図3-5-10］

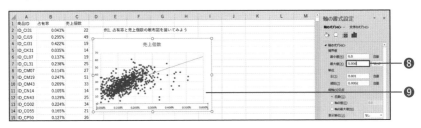

　先ほど作成した散布図に点線で直線が表示されます❾。散布図の傾向を

Chapter 3

実務ですぐ使えるデータ可視化をマスターする

もっともよく表している直線になっており、グラフのイメージどおり、右肩上がりの直線になっているのがわかります。

練習用ファイル：chap3.xlsx

実践 散布図に近似直線の式を追加する

　さらにもう１つ、この近似直線の式を追加します。練習用ファイル chap3. xlsx の chap3-5-1 シートで直線をダブルクリックすると表示される［近似曲線の書式設定］で、［グラフに数式を表示する］と［グラフに R-2 乗値を表示する］にチェックを入れます❶。すると、直線に数式が表示されます❷。

⊃ 近似直線の式を追加する ［図3-5-11］

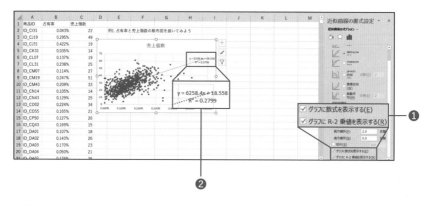

　詳しいことは第６章の回帰分析にて扱いますが、以下のような数式になっています。

⊃ 近似直線に表示された数式 ［図3-5-12］

$$y = 6258.4x + 18.558$$
$$R^2 = 0.2799$$

　１つ目の式は「回帰式」と呼ばれる直線で、y が売上個数、x が占有率を表しています。x の占有率が１単位上がると、平均して y の売上個数が6258.4 上がるということを意味します。占有率は割合（%）なので、値は 0

（0%）から 1（100%）の範囲です。そのため 1 上がるというのは考えづらいかもしれませんが、[図3-5-13]のように考えるとイメージしやすいのではないでしょうか。

⊃ 占有率が1上がるということ [図3-5-13]

占有率が 1（100%）上がると、売上個数は 6258 個上がる

↓

占有率が 0.001（0.1%）上がると、売上個数は 6.258 個上がる

散布図のデータを見るかぎり、いろいろなデータが散布していますが、「データ全体の傾向としては、右肩上がりの傾向にある」ということがわかります。

数式に話を戻します。もう 1 つの R^2 ですが、これは「上記の式がデータに対してどのくらい当てはまっているか？」を表す「決定係数」という指標です。ものすごくざっくりというと、「この直線の、データに対する当てはまりのよさは約 28% である」というように読み解けます。

> これらの回帰直線や決定係数の詳しいロジックや詳細な読み解き方は、第6章にてしっかり取り上げます。ここでは、「2つの連続変数を散布図で描くことができる、またそれら散布図の傾向を直線で表すこともできる」ということを押さえておきましょう。

練習用ファイル：chap3.xlsx

実践 外れ値のあるデータの散布図

103 ページの[図3-5-10]の占有率と売上個数の散布図は比較的うまく描けているケースです。実際のデータでは外れ値などが入っており、きれいな散布図とならないことがよくあります。ここでは、その場合の対策を解説します。

練習用ファイル chap3.xlsx の chap3-5-2 シートを開いて、B 列の仕入単価とC 列の商品単価で散布図を作ってみましょう。できあがった散布図を見ると[図3-5-10]ほどきれいにプロットされていません（[図3-5-14]）。よく見ると、ほとんどのデータ点は両変数ともに 500 以内に存在するにも関わらず、2 つのデータ点だけが、1,000 以上の値を取ってしまっています。

　このように、散布図は外れ値の影響を受けると適切に描けません。しかし逆に、散布図を見ることで外れ値を検出できます。

➲ 外れ値がある散布図 [図3-5-14]

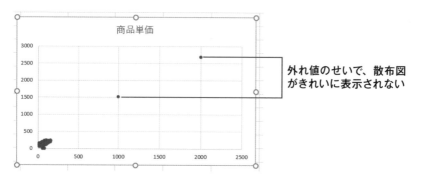

さて、このような場合は、[図3-5-15]のような処理が考えられます。

➲ 外れ値の処理 [図3-5-15]

> 1. 軸の範囲を狭める
> 2. 列から直接、対象となる外れ値としてのデータ点を削除する

まず1の処理を行います。103ページの[図3-5-8]と[図3-5-9]を参考に、縦軸と横軸の［境界値］の［最大値］を「300」に設定してみましょう。そうすると縦軸と横軸が右肩上がりのきれいな散布図が描けるはずです（[図3-5-16]）。こうしてみると、仕入単価と商品単価に正の相関がありそうです。

➲ 軸の範囲を狭めた散布図 [図3-5-16]

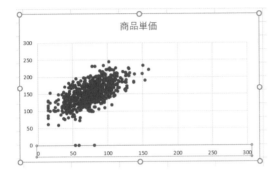

しかし、もう一度よく見てください。仕入単価は文字通り「仕入れ」なので、「仕入単価＜商品単価」の式が成り立つはずです。つまり今回の散布図においては、仕入単価と商品単価の45度線より左上にすべての点が存在するはずです。[図3-5-17]を見るとわかるように、右下にデータ点が3つほど存在しています。さらに商品単価の値は「0」のようです。これは明らかにおかしいですね。

➲ 45度線を引いた散布図 [図3-5-17]

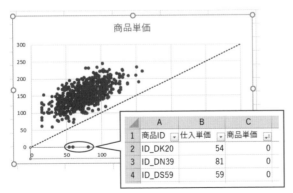

商品単価＝0の外れ値が存在している

実際に商品単価を昇順に並べ替えると、「商品単価＝0」の商品IDが3つ発見できました。商品単価が0円というのは明らかにおかしいので、これは記載ミスなどのヒューマンエラーによって引き起こされた可能性が考えられますね。こうして［図3-5-15］の2つ目の処理を行うことで、きれいなデータを作成できます。

　ここまで散布図を描くことで2つの変数がどの程度相関しているかを目視で確認することができました。しかし第1章でも触れたように、これは「相関関係」を表しており「因果関係」まではわからないという点に注意しておきましょう。

　たとえるならば、算数の得点が高い子どもたちは理科の得点も高い傾向にあり、右肩上がりの散布図になっていたとしましょう。では、算数の得点を上げれば理科の得点も上がるという因果関係はあるといえるのでしょうか？そうとは言い切れませんよね。たとえば親の年収による教育水準が高いために、算数の得点も理科の得点も高い、という因果関係があり、結果的に算数と理科の得点が相関している、というケースもあります。その場合、算数と理科の得点は「疑似相関」しているといい、因果関係にはありません。

　もし因果関係を証明したければ、第1章で簡単に紹介したABテストのような枠組みによる検証が必要となってきます。皆さんは、すぐにABテストなどによる因果関係の検証を行うのは難しいかもしれません。しかし少なくとも散布図を読み解くときに、あくまで因果関係までは示しておらず、相関関係だけを示している、ということに注意を払っておくようにしましょう。

ここがポイント！

● 散布図を使うことで、2つの連続変数の相関関係を可視化できる
● 異常となっていそうなデータ点を発見できる

06 変数間での相関が 一目瞭然「相関行列」

相関係数とは？

さて、ここまでに出てきた「相関」についてもう少し掘り下げてみましょう。その延長線上で「相関行列」を紹介しますが、そのためにはまず「相関係数」を知っておく必要があります。結論からいうと、**統計学の世界で「相関」といった場合、通常はデータが直線状に並んでいることを表します。**

だとすると、以下の散布図 A、B に関して、統計学的に「相関」関係があるのは、どちらのデータだと思いますか？

⟳ データAとBの相関図 [図3-6-1]

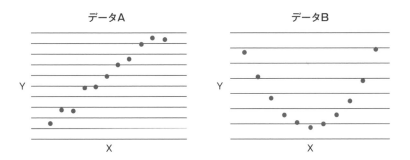

答えは、直線状にデータが並んでいる、A となります。なぜなら、繰り返しますが相関関係というのはデータが「直線状」に並んでいることを指すためです。

そして、その相関関係の強さを表すための指標として、「相関係数」というものがあります。[図3-6-2]に示したように相関係数は -1 から +1 までの間の値として表され、x 軸の値が大きいデータほど y 軸の値も大きい右肩上がりの散布図になっている場合は、相関係数が +1 に近づきます。その逆で、

x軸が上がるとy軸は下がってしまう右肩下がりの散布図の場合は、相関係数が-1に近づきます。そして、x軸とy軸にまったく右肩上がり、右肩下がりのような関係性がない場合、相関係数は0に近づいていきます。したがって、**相関係数が＋1または-1に近づいていくほど、「相関が高い」**といえます。逆に**相関係数が0に近いと「相関が低い」**ということです。

⮕ 相関係数のイメージ [図3-6-2]

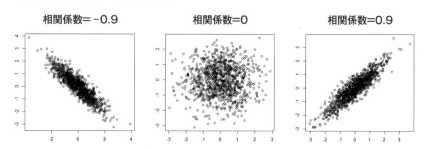

相関度合いを示す相関係数は、-1から+1で表される。なお、-1と+1の場合はデータが完全に直線上に重なった状態となるため、このグラフではイメージが伝わるように-0.9と0.9にしてある

　では、相関係数は実際どのように計算されるのでしょうか？ 実務上、計算自体はExcelの関数で行えるので、計算方法を覚える必要はありません。ただ、概念を理解する助けになるかもしれないので、簡単に相関係数の定義を紹介しておきます（[図3-6-3]）。

[図3-6-3]に記載の通り、分母は相関係数の値を-1から+1に収めるための調整部分のようなものなので、実質的には分子の「共分散」だけ押さえておけば大丈夫です。

　分散はデータのばらつきを示す統計量でしたね。共分散は「共」と付くくらいなので、2つの変数がどのようにばらついているかを示すものだとイメージできそうです。

⊃ 相関係数の定義式 [図3-6-3]

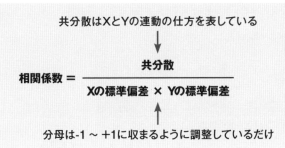

では共分散の式はどうなるかというと、[図3-6-4]に示した通りです。2変数のデータを散布図でグラフ化した状態をイメージしてください。まず、x軸とy軸それぞれで平均値を記録しておきます（図ではx軸の平均値が5で、y軸の平均値が3ですね）。そのうえで、各データ点に関して、xとyそれぞれで平均値から引いた値をかけます。そして最後にすべてのデータ点に関して、その値を足してデータ数N-1で割ったものが共分散です。

つまり、[図3-6-5]のように、x軸の平均値とy軸の平均値を軸として、右上と左下に存在するデータ点は正の値になりますね。そのため、そのような位置に存在するデータ点が多い状態は、共分散が正に大きくなり、相関係数も +1 に近づくのです。その逆もしかりで、右下と左上にデータ点が多く存在する状態は、共分散が負に大きくなり、相関係数が -1 に近づきます。

共分散の値そのものは、−1から1までの間の値を取るといった、絶対的な値の範囲などはないために、解釈することは難しいです。したがって実務的には、直接的に使われることはあまりなく、相関係数が使われることがほとんどです。そのため「共分散は相関係数を算出するために必要なものである」といった理解でも大丈夫です。

● 共分散の定義式① [図3-6-4]

共分散 ＝ Σ（X−Xの平均）×（Y−Yの平均）/（N−1）

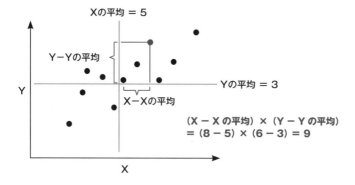

（X − Xの平均）×（Y − Yの平均）
＝（8 − 5）×（6 − 3）＝ 9

● 共分散の定義式② [図3-6-5]

共分散 ＝ Σ（X−Xの平均）×（Y−Yの平均）/（N−1）

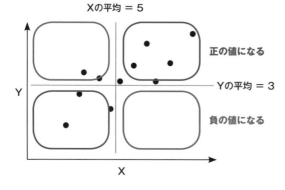

ここまで相関係数の概念を説明しましたが、改めて109ページの[図3-6-1]のデータAとBで、XとYに「関係」があるのはどちらだと思いますか？

たしかにデータBの相関係数は低くなりますが、ではXとYに関係がないかといわれると、そんなことはなさそうです。たとえば、気温と電気の使用量はどのような関係でしょうか？ 真冬の寒いときや真夏の暑いときは、どちらもエアコンをつけますよね？ すると電気使用量は上がりそうです。一方で春や秋の比較的気温が穏やかなときの電気使用量は少なくなります

ね。まさにデータBのような傾向を表すでしょう。この場合、気温と電気使用量は「相関」はないかもしれないが、「関係」はあるといえそうです。

　したがって、相関係数は1つの値として算出できて便利なのですが、統計学における相関係数が低いからといって、2つのデータの間に関係がないとはいえないのです。2つのデータの間の「関係」を見るときは必ず散布図を描くようにするのがいいでしょう。

➲ 相関係数と関係性は異なる概念 [図3-6-6]

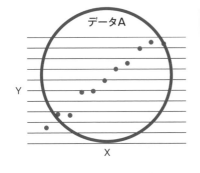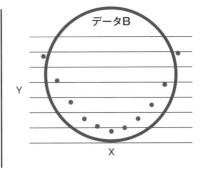

統計学における相関係数が低いからといって、2つのデータ間に関係がないとはいえない

正確には、線形ではなくとも（たとえば109ページの［図3-6-1］のデータBのような二次関数の形状となっているデータでも）関係を捉えられるような発展的な相関係数は、統計学の学問においては存在するのですが、少々発展的になりますし、今回の主旨とは外れますので、今回は詳細には取り上げません。

ここがポイント！

- 「相関」はなくても「関係」がないわけではない
- 関係を見るときは必ず散布図を作る

実践 相関係数を Excel で計算してみよう

それでは、Excel で相関係数を計算してみましょう。練習用ファイル chap3.xlsx の chap3-6 シートを開いてください。100ページの[図3-5-4]で散布図を描いた占有率と売上個数について、今度は相関係数を求めてみましょう。散布図では右肩上がりの傾向だったので、相関係数も正の値になりそうでしょうか。

相関係数を求めるには、CORREL 関数を使います。引数には相関関係を求めたいデータが入力された範囲を指定します。ここではC列（セルC2からセルC683）とF列（セルF2からセルF683）が対象なので、「=CORREL（C2:C683,F2:F683）」と入力して Enter キーを押します❶。

◯ CORREL関数で相関関係を求める [図3-6-7]

約 0.53 と出力されたでしょうか。つまり「占有率と売上個数の相関係数は 0.53 である」といえます。

相関係数の見方

さて、相関係数の求め方は以上ですが、「相関係数はどのくらいだといいといえるのか」と思いませんか？ これは答えるのが難しい質問です。

なぜかというと、相関の強さは絶対値なので、1もしくは-1に近づくほど高いのは間違いないのですが、**相関の度合いの感じ方は相対的なもの**なのです。業界や職種によって扱うデータは違うため、たとえば金融業界では、株価といったデータを扱えば相関係数は高めに出る傾向が強いのです。私も金融系の研究をしていた時期がありましたが、過去の論文を見ても相関係数

はだいたいどれも 0.7 以上でした。

　一方で、たとえば、人事系のデータはどうでしょうか。最近は HR-Tech などと呼ばれていますが、そうはいっても人に関わる現実の世界は数値で表せるほど単純なものではないですよね。もちろんアンケートの取り方などにもよるので一概にはいえませんが、人事のアンケートデータなどを扱えば、相関は高く出にくくなる傾向はあります。私も HR 系の分析プロジェクトは何回か行ったことがありますが、相関係数が 0.6 も出れば「めちゃくちゃ高い！」といった感じでした。0.3 くらいで OK としましょうというような雰囲気です。

　したがって、「必ずこの数値より大きければ OK」というのはないと考えましょう。もちろん**教科書的には「± 0.5 付近で相関が少々あり、± 0.7 を超えると相関が高いといってよいでしょう」といった傾向はある**ので、意識しておいて損はないと思います。しかしそれだけを盲目的に信じるのではなく、いま自分たちが扱っているデータはどのような業種や職種に関するもので、それらに関して過去から継続的に行っている分析やプロジェクトがあるのであれば、過去の分析結果から比べて相対的にどうかといった柔軟な考え方を意識しながら、相関係数の結果を評価するのがよいでしょう。

　仮に相関係数が 1 や － 1、あるいは 0.999 や －0.999 といった 1 や －1 に非常に近い値になったときは注意しましょう。現実的に、そのような完全相関している変数同士が存在することは非常に稀なためです。したがって、分析してそのような結果になっている場合は、何か間違った処理をしてしまっているか、そもそも収集、定義したデータが間違っている可能性が高いです。実はまったく同じ事象を表しているデータ同士の相関を計測しているだけであったり、片方の変数がもう片方の変数に定数を足したり掛けたりしているだけ、などの理由が考えられます。もちろん、本当に完全相関しているのかもしれませんが、そうではないケースの方が圧倒的に多いので、何か意図していないことが起きているのではないか？と意識して、データをよく観察するようにしましょう。

相関行列について
理解しよう

　相関の延長上にあるのが「相関行列」です。相関係数がわかってしまえば
簡単です。相関行列とは、対象とするすべての連続変数に対して、それら変
数間のすべての組み合わせにて計算される相関係数を行列の形式で表したも
のです。

　なお、行列とは「数字や文字列などの値を縦と横の網目状に配列したもの」
と考えれば大丈夫です。そういう意味でいえば、Excelの構造もある種「行列」
であるといえるでしょう。数学的な行列は、一般的に使われるような「ラー
メン屋に行列ができている」という使われ方とは異なる意味の「行列」であ
ることだけ注意しましょう。

練習用ファイル：chap3.xlsx

実践 相関係数の応用「相関行列」を Excel で作成しよう

　言葉ではイメージしづらいと思うので、実際に Excel で作成してみましょ
う。練習用ファイル chap3.xlsx の chap3-7 シートにて、占有率、仕入単価、
商品単価、売上個数の相関行列を作成します。これらの変数はすべて連続変
数です。そのため占有率と仕入単価、仕入単価と商品単価……といった形で、
すべての組み合わせに関してそれぞれ相関係数を求められますが、それでは
少々面倒です。そこで「相関行列」の登場です。相関行列は Excel の分析ツー
ルで作成可能です。まずは［データ］タブの［データ分析］をクリックしま
す❶。

⊃ ［データ分析］ダイアログボックスを表示する ［図3-7-1］

[データ分析] ダイアログボックスの [相関] を選択して❷、[OK] ボタン
をクリックします。

⮕ [データ分析] ダイアログボックスで [相関] を選択する [図3-7-2]

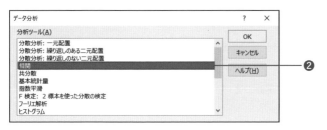

[相関] ダイアログボックスが表示されるので、[先頭行をラベルとして使用]
にチェックを入れ❸、[入力範囲] の ⬆ をクリックします❹。

⮕ 相関行列の基本設定を行う [図3-7-3]

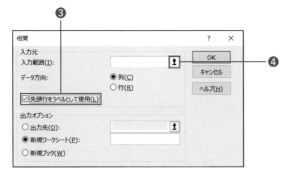

相関を求める範囲はB列の重量からF列の売上個数までとしたいので、セルB1からセルF683を選択し❺、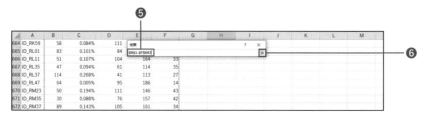をクリックします❻。

➲ 入力範囲を指定する［図3-7-4］

　［出力先］をクリックして❼、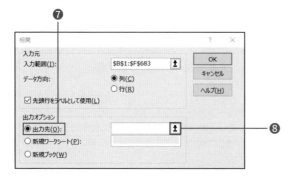をクリックします❽。

➲ 出力先を指定する［図3-7-5］

　セルH7を選択して❾、をクリックします❿。

➲ 出力先のセルを指定する［図3-7-6］

［相関］ダイアログボックスの［OK］をクリックします⑪。

⊃ 相関行列の作成を終える [図3-7-7]

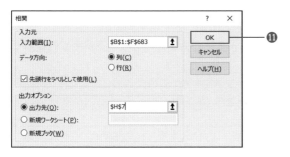

　いかがでしょうか？ 下の[**図3-7-8**]のように、すべての変数が行と列に配置され、それぞれの組み合わせに対する相関係数が表示されているかと思います。一発ですべての組み合わせの相関係数を計算してくれました。

　対角線上の同じ変数同士は、当然同じ変数なので相関係数は1となっています。次いで仕入単価と商品単価の相関が非常に高いですね。また、先ほどの占有率と売上個数も比較的相関が高そうです。そのほかの変数同士は、そこまでの相関はなさそうでしょうか。

⊃ 相関行列の出力結果 [図3-7-8]

例2. 占有率・仕入単価・商品単価・売上個数の相関行列を作成してみよう					
	重量	占有率	仕入単価	商品単価	売上個数
重量	1				
占有率	-0.0026929	1			
仕入単価	-0.0329795	0.01685239	1		
商品単価	-0.0486679	-0.0086283	0.9684325	1	
売上個数	-0.0086358	0.52907231	0.0017587	-0.048185	1

さて、この表を見て、「見にくいから何かいい方法ないかな？」と思った人は勘がいいかもしれません。そうです、先ほど紹介したヒートマップを使用することで、もう少しわかりやすく可視化できそうです。

実践 相関係数の表を見やすくする

　相関係数が出力された行列（セル I8 からセル M12）を選択して、96 ページの[図3-4-3]を参考にヒートマップ化してみましょう。

　個人的には最大値が赤で最小値が青となるようなカラースケールが見やすいと感じます。

⮕ 相関係数の行列をヒートマップ化する [図3-7-9]

	重量	占有率	仕入単価	商品単価	売上個数
重量	1				
占有率	-0.0026929	1			
仕入単価	-0.0329795	0.01685239	1		
商品単価	-0.0486679	-0.0086283	0.9684325	1	
売上個数	-0.0086358	0.52907231	0.0017587	-0.048185	1

これで、相関行列がグッと見やすくなりましたね。

第3章は以上です。ほかにもさまざまな可視化手法がありますので、皆さんもぜひ調べて見てください。

Chapter 4

仮説が正しいかどうか
仮説検定で結論を出す

01 推計統計を学ぶ意義

仕入単価の目標値は平均70円に設定してあるんですが、手元のデータを見ると実際は平均76円なんです。この差についてレポートを出さないとならなくて……。

仮説検定という手法を使えば、その差が統計的に意味のあるものなのか、無視してよいものかを判断できますよ。

でも今回のデータは、「平均」76円という計算結果が出ています。これはすでに統計的に結論が出ているということじゃないんですか？

平均仕入単価が76円というだけでは統計的に70円を上回っているという結論は出せないのです。たとえばそのデータの標準偏差が60円だったらばらつきがありすぎて参考になりませんよね。

ああそうか。データ数が10個しかない中での平均値の場合なんかもそうですね。

そのとおりです。仮説検定を使って、その差を統計的に分析してみましょう。

※今回は問題設定を簡単にするため、異なる商品の仕入単価もまとめて考える、という前提とします。

122

実務で役立つ推計統計

　この章では、少し難易度を上げて「推計統計」を学びましょう。推計統計の手法である**「仮説検定」**や**「回帰分析」**が理解できれば、「WebサイトのUIを変えたことにより、コンバージョンやクリック率に本当に効果のある変化が起こったのか」「商品の売上個数に対して、（価格や陳列数など）どのような要因がどの程度影響しているのか」といったことをデータを用いてより適切に検証できるようになります。このように実務で活用できるにも関わらず、推計統計は記述統計ほど一般的ではありません。その原因はこの手法の理解が難しいためですが、本章ではExcelを用いて実務でどのように使っていくかイメージできるように解説していきます。ここでは「仮説検定」を取り上げます。仮説検定のロジックを説明した後に、実際にExcelでやってみましょう。

　また、仮説検定のロジックを説明していく中で、**「確率分布」**といった重要な概念も学ぶことになります。「統計的にデータをどう捉えればよいか？」といった視点も同時に理解していきましょう。

● 技術難易度のレベル感と本章との関係（再掲）[図4-1-1]

※上のプロットはイメージです。実際は多種多様な手法や分野に分かれています

仮説検定とは何か？

差異が偶然生じたものかを結論づける手法

具体的な仮説検定の理解に入る前に、仮説検定の使いどころを押さえておきましょう。一言でいえば、仮説検定は**「差異が偶然生じたものかどうかを結論づけるために使われる手法」**です。

今回の小売店舗のデータ（chap4.xlsx の chap4-8 シート）で考えてみましょう。このスーパーの主力商品タイプである青果物 135 商品に関して、全商品の仕入単価の平均値は約 76 円です。しかし、（これはもちろん仮の設定ですが）このスーパーでは安く仕入れるために、仕入単価を平均 70 円とすることを目標値（KPI）としています。手元の青果物商品は平均 76 円なので、目標値である 70 円よりも高いことがわかりますよね。ところで、この差は偶然生じたものでしょうか？ それであれば重く受け止める必要はありません。しかしそうではなく、偶然生じたレベルの差ではない（「統計的に有意な差がある」といいます）といえるレベルでしょうか？ 前者か後者かによって、結果の受け止め方が変わります。このようなときに仮説検定を行うことによって、この差が偶然のものであるのかどうかを結論づけられます。

データの個数やデータのばらつき（標準偏差）といった要素も加味して、今のデータだけではなく、これからデータを集めても、きちんと「平均仕入単価は 70 円をしっかり上回っている可能性がとても高い、と統計的にいえるね」ということを確証づけるために、仮説検定を行う、というわけです。

自分のビジネスや業務と照らし合わせて、この例ほど平均値と目標値で差が開いてしまったら未達として片づける、という場合もあるかもしれません。もちろんそのように受け止めてもいいと思いますが、今回は仮説検定の動機づけとして、本文のような疑問を呈している、というふうに認識してください。

➲ なぜ仮説検定をする必要があるのか？ [図4-2-1]

手元のサンプルデータ

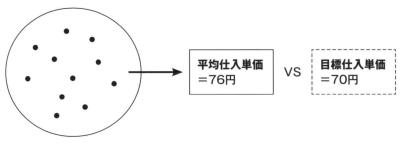

サンプルデータから得られた平均76円は、70円と比較して「統計的に差がある」といえるのか

仮説検定の活用シーン

ほかにも、たとえば以下のような場面で使用されることが多いです。

➲ 仮説検定の使いどころ [図4-2-2]

- Webサイトのデザインを新しくした際に、新しいデザインA案と旧デザインB案でコンバージョン率を比較した結果（よく「A/Bテスト」と呼ばれます）、A案とB案に偶然ではなく、統計的に意味のある差異があったのかを結論づけたい
- マーケティング施策を行った前後で意味のある効果があったのかどうかを結論づけたい
- アンケート結果を分析する際に、男性の平均スコアと女性の平均スコアに差があるが、統計的に意味のある差異があったのかを結論づけたい

皆さんの身のまわりや業務の中でも、このような事例がありそうかどうか、ぜひ考えてみてください。

03 仮説検定の「2つの仮説」を理解する

　仮説検定とは、要するに仮説を立てて、それが正しいかどうか調べる（検定する）ということです。仮説検定と一言でいっても、その中にいくつも検定の種類があります。そこで、本書では**「t検定」**と**「カイ二乗検定」**という、実務でも一番よく使われる代表的な手法を紹介します。まずt検定を学びながら、仮説検定とはどういうものなのかを理解しましょう。

　ここから学ぶ内容は少々長くなるため、以下に全体の流れを図示しておきます。この順番で説明していきます。

➲ 仮説検定を理解するための手順 [図4-3-1]

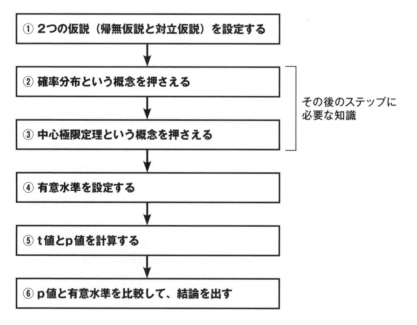

① 2つの仮説（帰無仮説と対立仮説）を設定する

② 確率分布という概念を押さえる

③ 中心極限定理という概念を押さえる

その後のステップに必要な知識

④ 有意水準を設定する

⑤ t値とp値を計算する

⑥ p値と有意水準を比較して、結論を出す

2つの仮説（帰無仮説と対立仮説）を設定する

　具体的な例を用いないと説明が抽象的になってしまうので、Section02でも取り上げた chap4.xlsx の chap4-8 シートのデータで説明していきましょう。改めて、今回の問いは以下のようになります。

⮕ 今回の問い [図4-3-2]

> 平均仕入価格の目標値は 70 円だが、手元のデータでは 76 円になっている。手元のデータは目標値よりも大きい値になってしまっているのではないか？

　これを仮説検定の文脈に乗せやすいように少し言い換えると、次のようになります。

⮕ 問いを仮説検定の文脈に変換したもの [図4-3-3]

> 手元のデータによる結果は、目標値 70 円より大きいと " 統計的にいえるかどうか " を調べる

　少々回りくどいですが、これが仮説検定らしい言い方になります。ここで仮説検定の用語を解説しましょう。**仮説検定の「仮説」というのは、「帰無仮説」と「対立仮説」の２つを表します。**

　ざっくり説明すると、この例の場合、現実のデータは 76 円を示しており、「目標値 70 円」という仮説は覆したいものになります。このような[注1]、具体的に「a=b」といえるような覆される仮説を「帰無仮説」といいます。つま

（注1）仮説検定の種類によっては、妥当であると考える仮説も帰無仮説になりうることはありますが、そのような仮説検定は少々発展的なケースであり、今回はわかりやすさを重視した説明となっていることに留意してください。

Chapter 4 仮説が正しいかどうか仮説検定で結論を出す

り帰無仮説とは「平均仕入価格が70円である（平均仕入価格＝70円）」という仮説となります。

　そして、帰無仮説を覆すための仮説を「対立仮説」といいます。この場合、「平均仕入価格は70円より大きい」というのが対立仮説です。

　このように仮説検定には、帰無仮説を覆して（「棄却する」といいます）対立仮説を採用するか、あるいは帰無仮説を棄却できないか、の２つの結論しかありません。 もしデータを計算した結果、帰無仮説を棄却して対立仮説を採用できれば、「平均仕入単価は70円より統計的有意に大きい」ということができます。

⊃ 仮説検定は帰無仮説か対立仮説しかない ［図4-3-4］

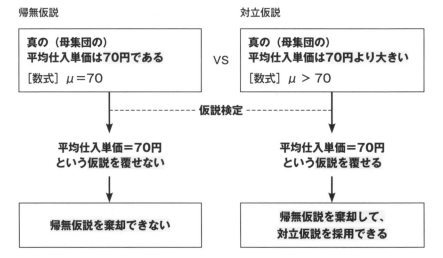

仮説検定の結論は、「帰無仮説を棄却するか、しないか」のいずれかしかない

　ちなみに、今回はt検定を前提に解説しますが、基本的にそのほかの仮説検定も、この帰無仮説と対立仮説を設定することにより成り立つものです。この概念は確実に押さえておきましょう。

　実際にどのようなロジックで計算をして、帰無仮説を棄却するかを決定すればよいかというと、［図4-3-5］のような流れになります。［図4-3-6］にもイメージを図示しています。

● 仮説検定の計算の流れ［図4-3-5］

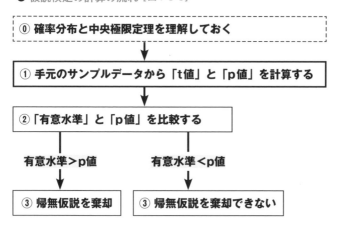

⓪ 確率分布と中央極限定理を理解しておく

① 手元のサンプルデータから「t値」と「p値」を計算する

②「有意水準」と「p値」を比較する

有意水準＞p値   有意水準＜p値

③ 帰無仮説を棄却   ③ 帰無仮説を棄却できない

● 帰無仮説を棄却するかどうかの流れのイメージ［図4-3-6］

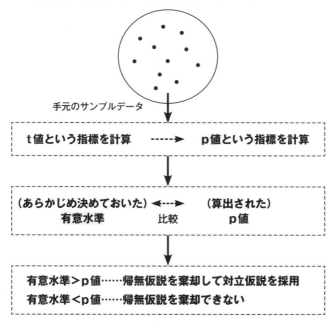

手元のサンプルデータ

t値という指標を計算 ------▶ p値という指標を計算

（あらかじめ決めておいた） ◀----▶ （算出された）
有意水準   比較   p値

有意水準＞p値……帰無仮説を棄却して対立仮説を採用
有意水準＜p値……帰無仮説を棄却できない

Chapter 4 仮説が正しいかどうか仮説検定で結論を出す

　これらの図を見てわかるように、t値やp値、その計算に必要な確率分布や中心極限定理、また有意水準など、一般にはなじみの少ないキーワードが多いため、このあと順番にこれらの考え方を説明していきます。

確率分布とは？

　仮説検定を行うのに必要な知識として、まず**「確率分布」**を理解しましょう。この確率分布という概念は、統計学の根幹をなす概念なので、そもそも統計学とはどのような前提をおいている学問なのかから説明します。

　統計学では、基本的に**「手元のデータはあくまで、真の母集団からランダムに選ばれたサンプルのデータである」**という前提をおいています。たとえば今回使用している小売店舗のデータも、あくまで「ある週のデータ」です。そのため来週、再来週とデータを取得すれば、あるいは違う店舗で同じようにデータを取得すれば、手元のデータとは異なったサンプルデータが取得できてしまいます[注2]。しかし、母集団のデータを手に入れようと思うと、無限の時間範囲でデータを取得したり、日本全国あるいは世界中で同様の店舗を展開して同様のデータを取得する必要がありそうです。これは現実的には厳しいですよね。

　統計学は、手元にあるサンプルデータから取得できる（統計量や分布といった）計算結果から、なんとかして母集団の傾向や性質を理解しよう、という学問なのです。

→ 統計学とは？ [図4-4-1]

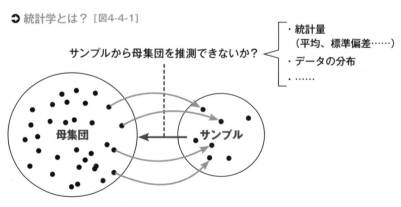

統計学とは、母集団からランダムに選んだサンプルを調査し、サンプルから得られた計算結果から、母集団の傾向や性質を理解するための学問

（注2）少し正確を期するために補足すると、本来であれば店舗や週が変われば確率分布も変わる可能性がありますが、本文では皆さんに伝わるように、時間や地域に依存しないことを前提として述べています。

事象ごとの確率を可視化できる「確率分布」

　では、ここまでに説明した統計学の前提をベースとして、前節での平均仕入単価を考えてみましょう。今私たちの手元にある仕入単価のデータは、統計学の前提に従えば、あくまで「サンプルデータ」です。そのため、手元のデータでは平均仕入単価は76ですが、母集団レベルで見たら、もしかしたら78か60など違った値かもしれません。

　ということは、少し見方を変えてみると、仕入単価に関する母集団のデータがあったとして、もしまた違うサンプルデータが手元にきたとしたら、おそらくまた違った仕入単価のデータ、そして違う平均値が手に入りそうですね。

　このように、仮に何回も何回も違うサンプルデータが手元にきたとした場合の仕入単価データの平均値をいっぱい記録しておくと、最終的にそれらを（前章で学んだ）ヒストグラムにできそうですね。

◯ 母集団からデータをいくつもサンプリングできれば平均値のヒストグラムができる [図4-4-2]

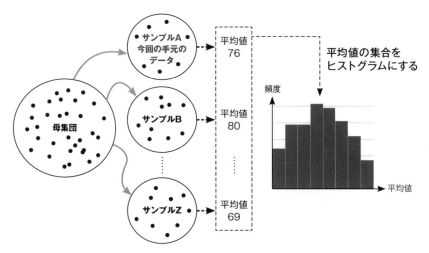

母集団からいくつものデータをサンプリングするイメージ

さて、ヒストグラムの縦軸は頻度（個数・行数）になっていますが、これを確率（すべて足せば1になるよう）にすれば、「確率分布」と呼ばれるものになります。

確率分布は横軸に対象とする事象、すなわち変数（これを「確率変数」といいます）、縦軸にそれぞれの確率変数が生じる「確率」をプロットしてつなげたものになります。今回の例では、横軸の確率変数が「平均仕入単価」を表し、縦軸が「それぞれの平均仕入単価がどのくらいの確率で生じるか？」を表しているのです。

手元のサンプルデータだけしか見ないと、いつまでたっても平均値は「76」です。しかし、確率分布の概念を導入することで、平均仕入単価ごとに、母集団の中でその値が発生する確率がわかるのです。

➲ 確率分布の定義 [図4-4-3]

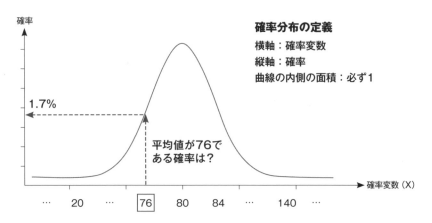

確率分布では、横軸が確率変数、縦軸が確率となる。確率なので、曲線の内側の面積は必ず1になる

確率分布には種類がある

　では、平均仕入単価が x 円（x は 76 でも 78 でも 60 でも何でもよいです）だとしたときに、x 円となる確率はどのくらいでしょうか？　この確率がわからないと結局意味がないですよね。

　しかし、確率分布では、確率分布そのものを理論的な数式で表すことによって、x 円の x に応じて確率が計算できます。「ではその数式で、x 円となる確率をそれぞれ計算すればよいのでは」と思いますが、そうはいかないのです。実は確率分布には、確率変数のパターンによって、いくつもの種類が存在します。平均仕入単価の例とは別に、以下のような 2 つのデータがあったとしましょう。

⊃ 確率変数のパターン［図4-4-4］

① 身長が平均的に 150cm の小学生たちの身長データ
② 解約率が 20%ほどのサブスクリプション（定期購入）サービスに関する、ユーザーの解約か継続かのデータ

　①のデータは身長が何 cm か、②は解約するかどうか、という事象です。では、それぞれ同じ確率分布になりそうでしょうか？　よく考えると、①は身長という連続変数であり、一方の②は「解約する」「解約しない」という 2 値の事象です。そのためそもそも同じような確率分布にはなりません。

　改めていうと、**確率分布は、確率的な振る舞いをする現実の事象を数式で表したもの**[注3]です。①では、身長が平均的に 150cm ですが 140cm の人もいれば 130cm の人もいます。②でも、平均的に 20%の解約率なので、多くのユーザーは継続しますが中には解約するユーザーもいます。そして現実の事象が異なれば、確率分布の数式も変わるでしょう、ということです。

「どのような事象がどのような確率分布に当てはまりそうか？」ということは、分析の専門家はある程度把握しておく必要があるかもしれませんが、そうでなければ暗記しておく必要はないでしょう。次の［図4-4-5］は、［図4-4-

（注3）グラフや表だけでも、要するに値ごとに確率（もしくは確率密度）がわかれば大丈夫です。

4]の①と②をグラフで表したものです。ざっくりとした説明になりますが、①のような、左右対称となるような連続変数の事象は**「正規分布」**に従う、②のような Yes か No である2値の事象が N 個分（今回の例ではユーザー数）あるような事象は**「二項分布」**に従うといわれます。

⊃ 正規分布と二項分布 [図4-4-5]

身長のデータ：→正規分布

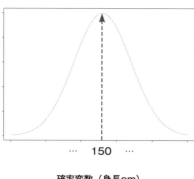

··· **150** ···

確率変数（身長cm）

解約人数のデータ：→二項分布

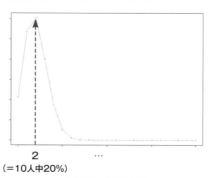

2
（＝10人中20%）

確率変数（解約人数）

　①の場合、身長は平均（150cm）を中心として、多少のばらつきがありつつも、基本的には左右対称になりそうですよね？ 300cm を超える人も10cm を下回る人もまずいません。したがって、[図4-4-5]の左図のように、150cm が最も確率の高い事象で、生じる確率が左右対称に徐々に下がってくる、というイメージです。

　正規分布は「連続数値を対象とした確率分布で、平均値を中心として左右対称な釣鐘形」（ベルカーブ）の分布だと理解してください。

　一方で②の場合、これまでのデータから解約率は20%であることがわかっているとします。すると仮に10人のユーザーがいたのであれば、解約人数は2人の確率が一番高いですが、次いで1人の確率が高く、3人以上解約する確率は段々と下がっていくはずです。したがって、[図4-4-5]の右図のイメージのようになります。

　このように、確率分布には種類があります。また対象とする現実の事象によって定義される確率分布は異なる、ということを押さえておきましょう。

釣鐘型にもいろいろある

正規分布の釣鐘型にもさまざまな形が存在します。

たとえば133ページの[図4-4-4]の①の身長データの場合、小学生は平均150cmと低めで、発育途上なのでばらつきも小さく、標準偏差が20cmであったとしましょう。一方で、ある高校の高校生のデータだと、身長も（小学生よりは）高めで平均170cm、ばらつきは比較的大きく標準偏差は40だとすると、その確率分布は変わってきそうです。

前者は150cmである確率が最も高くなり（150cmの部分が山の頂点）、ばらつきも相対的に小さいので、山は縦長になります。一方で後者は170cmである確率が最も高くなり、ばらつきがあるので山は横に太くなります。

このように、同じ確率分布であっても、「ある値」が異なると分布の形状が変わります。この値のことを **「パラメータ」** と呼びます。たとえば正規分布であれば、[図4-4-6]にあるように「平均と標準偏差がパラメータである」と理論的に決まっています[注4]。

実際は手元にデータが得られたら、①それがどのような事象によって生じたデータかを考えて、②適切だと思われる確率分布を決め、③手元のデータに基づいてどのようなパラメータの値になっていれば妥当か、を検証することになります。こうして確率分布とそのパラメータを決めることができれば、どのような値がどのくらいの確率で現れるか、を求められるのです。

⊃ 同じ正規分布でも平均や標準偏差が異なれば形状が異なる [図4-4-6]

平均150、標準偏差20の正規分布

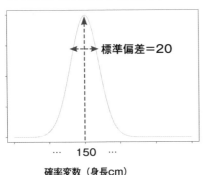

標準偏差＝20

150

確率変数（身長cm）

平均170、標準偏差40の正規分布

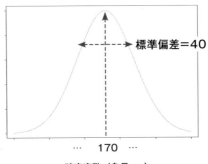

標準偏差＝40

170

確率変数（身長cm）

（注4）ちなみに、先ほど登場した二項分布のパラメータは「その現象が起こる確率」と「対象となるイベントの発生回数やユーザー数」になります。先ほどの例だと、解約率とユーザー数がパラメータになります。

Chapter 4 仮説が正しいかどうか仮説検定で結論を出す

中心極限定理とは？

　仕入単価の平均値の話に戻りましょう。Section04では、現実の事象に応じてどのような確率分布かが決まるという話をしました。

　それでは「仕入単価の平均値」はどの確率分布に従っているのでしょうか？結論からいうと、「仕入単価の平均値」は「正規分布」に従います。ちなみに**正規分布の形になることを、「正規分布に従う」と表現します**。そしてこれがおもしろいところなのですが、仕入単価であろうがなんだろうが（私が1日に飲むビールの本数でも、1か月間に買い物する金額であろうとも）、必ずその**平均値は正規分布に従うとみなせる**のです。

　そして、「何かしらの事象の平均値そのものが正規分布に従う」ことを、「**中心極限定理**」といいます注5。この部分が少々わかりにくいかと思いますが、何かしらの事象そのものの確率分布と、その事象の平均値の確率分布を混同しないようにしてください。

　今回の例であれば、仕入単価を事象（＝確率変数）とした際に、どのような仕入単価がどれくらいの値になるか、という確率分布はたしかに存在します。しかし中心極限定理ではそれはどうでもよいのです。気にしているのは仕入単価の「平均値」です。手元のデータにある仕入単価のデータから算出された平均値はただ1つですが、仮に違うサンプルデータがいくつ手元にきたとしても、仕入単価データの平均値は「正規分布」になるのです。

中心極限定理とは？

☑ 平均値はすべて正規分布に従う

☑ ある事象の平均値が正規分布に従うことを中心極限定理という

（注5）手元のデータのサンプル数がある程度あることが条件なのですが、しばしば、大体30以上あればよいといわれており、概ねその程度のデータ数は確保できることが多いので、実務上はそこまで気にする必要はありません。

⊃ どんな事象でも、その平均値は必ず「正規分布」に従う [図4-5-1]

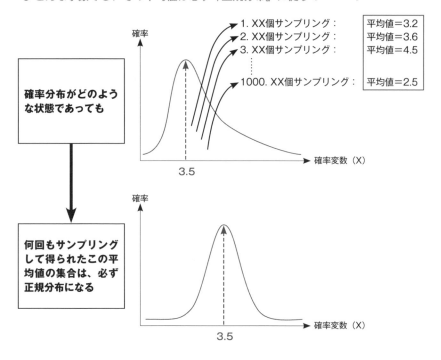

中心極限定理は数百年前に発見されたものですが、「どんな事象でもその平均値は正規分布に従う」ということが画期的で、必ず押さえておくべき重要な定理です。なぜなら、Section03でこの中心極限定理が今回のt検定に使われるといいましたが、それはつまり、どのような事象に対してでもt検定を適用できるということだからです。

なお、この中心極限定理に関して、なぜそうなるか？という証明は、非常に難しく、本書の範囲を軽く超えてしまいます。皆さんは、上記のようなことが普遍的に証明されている、ということまでを知っておいてもらえれば大丈夫です。

有意水準を設定する

手元のデータの帰無仮説での確率がわかる

　さて、ここまで解説してきた確率分布と中心極限定理を整理しておきましょう。当初の目標である、「平均仕入単価は70円よりも大きいと統計的有意にいえるのか？」という仮説検定を理解するために、特に必要な点は以下になります。

➔ 中心極限定理の重要ポイント［図4-6-1］

　　中心極限定理により、仕入単価の「平均値」は正規分布に従う

　長々と話して「これだけ」というのは少しさびしいかもしれませんが、実は仮説検定を理解するうえではこの点だけを押さえておけばよいのです。

　どういうことかというと、もともと設定した2つの仮説の中で帰無仮説は「平均仕入単価＝70である」というものでしたね。そしてこの平均値は正規分布という確率分布に従います。つまり、帰無仮説の世界があったとして、その世界では、ある平均値がどのような確率で生じるのか？ということを明確に求められます。

　するとどうなるかというと、手元のデータで得られた平均値のデータが帰無仮説の世界においてどのくらいの確率で得られるものなのかがわかります。すると、次のようなロジックが成り立ちそうです。

➲ 仮説検定の重要ポイント ［図4-6-2］

・もし帰無仮説の世界で、手元のデータの平均値が得られる確率が高ければ、やはり手元のデータは帰無仮説の世界にいると考えられる
・逆に帰無仮説の世界で手元のデータの平均値が得られる確率が低ければ、手元のデータは帰無仮説の世界にはいないと考えられる

　帰無仮説において確率分布という、具体的にどの平均値がどの確率で生じるか？という数式が成り立つことではじめて、「手元のデータが帰無仮説の世界にいるのか？　いないのか？」ということを定量的に論じることができるわけです。

➲ 帰無仮説の世界に確率分布を適用できる ［図4-6-3］

帰無仮説（の世界）

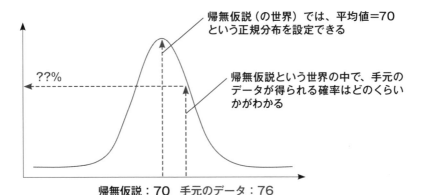

帰無仮説（の世界）では、平均値＝70という正規分布を設定できる

帰無仮説という世界の中で、手元のデータが得られる確率はどのくらいかがわかる

??%

帰無仮説：70　手元のデータ：76

帰無仮説の世界を前提として、もしも手元のデータが得られる確率が低ければ、帰無仮説の世界にいない（帰無仮説を棄却できる）のではないかと考えられる

帰無仮説と対立仮説は反対にできない

　ちなみに、127ページでは「帰無仮説は具体的に『a=b』といえるような仮説」と述べました。

　裏を返すと、対立仮説では、「aはbより大きい」や「aはbではない」といった仮説設定となっています。そして基本的にはこの仮説の置き方に関して、帰無仮説と対立仮説を逆にして設定することはできません。これまでの説明から、その理由がわかるかと思います。

　今回の例で考えてみると、対立仮説は「平均仕入単価は70より大きい」というものでしたが、果たしてこの仮説の世界に具体的な確率分布を定義できそうでしょうか？「70より大きい」といわれても、具体的にどのくらいの値を基準とするかがわからなければ、確率分布を規定できません。帰無仮説では「平均仕入単価＝70」という具体的な値があってはじめて、確率分布をもとにした「世界」を定義できます。すると手元のデータにおける平均値が帰無仮説に存在する確率がどのくらいなのかを計算でき、その確率に基づいて対立仮説を採用するかどうか、を決められるのです。

　さて、次に「何を基準にして帰無仮説の世界にいないかどうかを判断するか？」を決めます。その際の基準値を**「有意水準」**と呼びます。具体的には[図4-6-4]を見るとわかりやすいでしょう。帰無仮説の世界（平均値の確率分布）で、基準となる有意水準という値を設定します。一方で、手元のサンプルデータから統計量であるt値やp値（この指標の計算手順は次節にて解説します）を取得します。

　そして、**手元のサンプルから得られたp値が有意水準の値を下回っていたら、手元のデータは帰無仮説の世界にはいないと判断して対立仮説を採用**します。逆に、統計量が有意水準よりも上回っていたら、手元のデータは帰無仮説の世界にいないとはいえないので、帰無仮説を棄却しないことになります。

○ 有意水準とt値とp値の関係性 [図4-6-4]

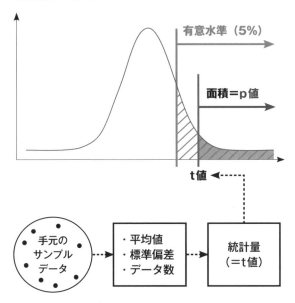

手元のサンプルデータを分析して統計量（t値）を導けば、p値が求められる

Tips　帰無仮説を設定するときの考え方

　今回のように、基本的には「平均仕入単価が70より大きい」といえればよいので、主張したいことを対立仮説、そうでないほうを帰無仮説におく、と覚えておくとよいという判断の仕方が書いてある文献や記事があります。しかし、今回の例の「目標値は70」のように、具体的な数値や状態が記述され、その仮説の世界を設定できるほうが帰無仮説、そうでない反対のほうが対立仮説、と覚えておくのが正確ではあります。

有意水準の定義

　具体的に有意水準の定義を見ていきましょう。それは**「ある基準となるラインより外側にある、帰無仮説によって定義された確率分布内の面積」**となります。よく使われるのは（確率なので全体で100%のうち）5%という基準値で、次いで1%や10%といった基準値も使われます。本書では「有意水準＝5%」という前提で話を進めていきます。

　つまり「有意水準＝5%」とすると、手元のデータから計算された帰無仮説の世界で観測される確率が、仮に5%という小さい確率よりもさらに下回っているのであれば、手元のデータは帰無仮説の世界には存在しない（つまり棄却できる）のではないか？ということです。

⊃ 有意水準の定義 [図4-6-5]

帰無仮説（の世界）

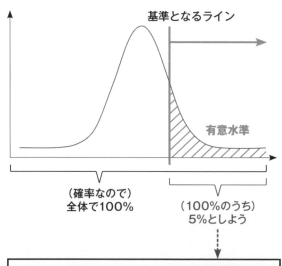

基準となるラインよりも外側の面積を有意水準とする。有意水準の基準値は5%が多く、次いで1%や10%といった基準値も使用される

t値とp値を理解する

では「手元のデータから計算された、帰無仮説の世界にいる確率」というものはどのように算出されるのかというと、それが次のステップで考えなければならない「t値」と「p値」になります。ここでは少し概念的に、有意水準とt値やp値の関係性を深く掘り下げておきましょう。

まずt値ですが、これは手元のサンプルデータから計算される統計量——具体的にはサンプルデータの平均値、標準偏差、データ数から計算される値です。そして**t値は帰無仮説における確率分布の確率変数（横軸）の値に相当**します（141ページの[図4-6-4]）。そして、その**t値以上の値を取るような確率、つまり[図4-6-4]における赤塗りの面積部分をp値といいます。**もう少し平たくいうと、「帰無仮説の世界（確率分布）を前提とした際に、手元のサンプルデータ以上に極端な値が得られる確率」ともいえます。

もしp値が非常に小さい確率の値だったらどうでしょう。その状態は、「帰無仮説の世界（確率分布）を前提とした際に、手元のサンプルデータ以上に極端な値が得られる確率はとても低い」といえます。ということは、手元のデータで得られた結果そのものも、帰無仮説の世界にはいないであろうといえます。

したがって、161ページでも紹介しますが、改めて下のような結論が導けます。

●p値から得られる結論 [図4-6-6]

・得られた p 値が有意水準を下回っている場合
　→帰無仮説を棄却して対立仮説を採用することができる

・得られた p 値が有意水準を上回っている場合
　→帰無仮説を棄却できない

今回の例だと、手元の仕入単価のデータから計算したp値が有意水準5%を下回っていれば、平均仕入単価が70円という帰無仮説を棄却して、70円より大きいという対立仮説を採用することができるのです。

➲ 有意水準とp値を比較する［図4-6-7］

帰無仮説（の世界）

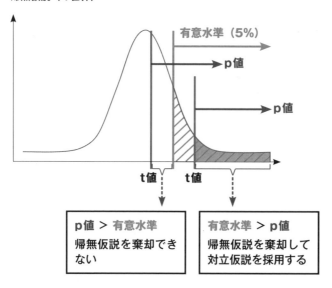

有意水準を捉えるときの注意点

ただし、有意水準の捉え方には注意点があります。「p値が有意水準を下回っているときは帰無仮説を棄却して対立仮説を採用する」と説明しました。しかし帰無仮説の世界が存在している以上、pという確率では、やはり帰無仮説の世界にいる可能性も否めません。どんなに小さい確率でも、やはり帰無仮説のほうが正しかった、という可能性は排除できないためです。

つまり、有意水準を0%にでも設定しない限り（そしてそんなことをすればいつまでたっても帰無仮説を棄却できないので、そんな設定はありえませんが）、分析者である私たちが手元のデータからp値に基づいて帰無仮説を棄却して対立仮説を採用したとしても、やはり神のみぞ知る真実としては、

帰無仮説のほうが正しかったということがあり得るわけです。

⊃ 本当は帰無仮説が正しい可能性もある [図4-6-8]

帰無仮説（の世界）

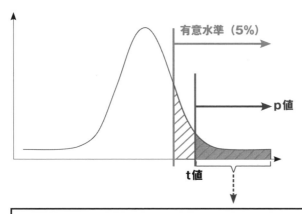

仮にp値が有意水準を下回っていたとしても、pの確率では、
やはり帰無仮説の世界にいることになる

分析者は帰無仮説を棄却するという判断をするが、実際は
帰無仮説の世界にいた可能性もある

　そしてそれは、有意水準である5%の確率で起こってしまうということに
なります。もう少し構造化すると、仮説検定は帰無仮説を棄却するかしない
かという二択を分析者がする一方で、（神のみぞ知る）真実も、帰無仮説が
正しいか正しくないかという二択です。

　このような間違いを「第一種の過誤」（Type 1 Error）といいます。つま
り「有意水準は第一種の過誤を犯してしまう確率」ともいえるわけなのです
ね。もう少し柔らかくいうと、帰無仮説が正しいときに、その前提のもとで
誤った判断をしてしまう確率となります。

● 有意水準は「第一種の過誤を犯す確率」ともいえる [図4-6-9]

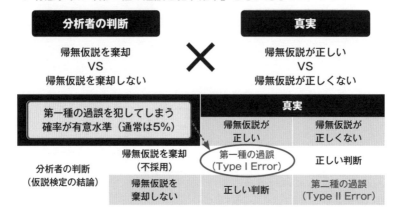

「世の中の現象にゼロリスクはない」といわれるのと同じです。仮説検定にも絶対はなく、たとえ有意水準を5%と低めに設定したとしても、100回実験したら5回は間違った判断かもしれないというレベルでの判断だ、ということは頭の片隅においておきましょう。

要するに、有意水準を10%→5%→1%と低く設定すればするほど、間違った判断をしにくくなるということです。となるとできるだけ低めに設定すればよいではないか、ということになりますが、低くすればするほど、帰無仮説を棄却して対立仮説を採用しにくくなります。ここには、いつまでも差があると主張できなくなってしまうというトレードオフの関係があります。

したがって、できるだけ間違った判断をしたくない（たとえば人の命を扱う医療現場など）場合は有意水準を1%などとかなり低めに設定して慎重に意思決定をし、人事系データなど社会科学のような間違ったとしてもそこまで致命的なミスではないような場合は有意水準を少し高めに10%でも許容しよう、などと業界や職種によって柔軟に設定することが重要です。

Tips 基準値はなぜ1、5、10%なのか？

有意水準の基準値は3%でも6%でも何でもよいのです。過去の研究などの積み重ねで、「区切りもよいしこの値としてしまおう！」という程度で設定されているものなので、理論的にその必然性はありません。ただ1、5、10%以外が有意水準として使用されることはそこまで多くありません。

07 t値とp値を計算で導く

さて、もう少しで仮説検定を理解できます。次は、実際にどうやってt値やp値を計算すればよいかを解説します。

t値とp値を計算する際のポイントは[図4-7-1]に挙げたとおりです。

⊃ t値とp値を計算する際のポイント [図4-7-1]

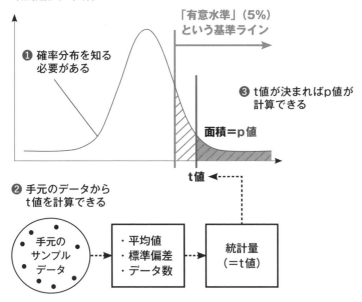

帰無仮説（の世界）

❶ 確率分布を知る必要がある

「有意水準」（5%）という基準ライン

❸ t値が決まればp値が計算できる

面積＝p値

t値

❷ 手元のデータからt値を計算できる

手元のサンプルデータ → ・平均値 ・標準偏差 ・データ数 → 統計量（＝t値）

帰無仮説の世界を決めている確率分布が何なのかを理解しておけば、t値もp値も導き出せそうです。

このt値の計算ロジックは少々難解です。計算ロジック抜きで「とりあえず確率分布を知ることでt値やp値が計算できるんだな」くらいの理解でも実務上の問題はありませんが、どのように導かれるかを知っておけば、このあとExcelを使って実践する際に、納得感を持って学べるでしょう。

正規分布の形状はどうすればわかるか？

今回の帰無仮説は「仕入単価の平均値が70円」でした。そして先ほど解説した中心極限定理より、平均値は正規分布に従うことがわかっています。

つまり、「仕入れ単価の平均値」という確率変数の従う確率分布は正規分布になる、といえます。そのイメージを[図4-7-2]に記載してあります。青い確率分布を示す線が「仕入単価の平均値」の確率分布であるとイメージしてください。

それではt値の計算へと話を進めましょう。中心極限定理は「平均値は正規分布に従う」という定理である、と説明しました。これに関して補足すると、中心極限定理によって、平均値の従う正規分布のパラメータも決められることが知られています。もう少し具体的に説明していきましょう。

「パラメータ」とは、その確率分布の形状を決める変数のことでしたね。正規分布のパラメータは、山の真ん中の値を決める「平均値」と、山のばらつきを決める「標準偏差」の2つとなっていました。中心極限定理では、「平均値が正規分布に従う」ことに加え、その正規分布に関して「平均＝母集団の平均値」、「標準偏差＝母集団の標準偏差 / √データ数」になっていることが知られています。したがって、「母集団の平均値」「母集団の標準偏差」「データ数」がわかれば、正規分布の形状がわかる、つまり「仕入単価の平均値」の確率分布の形状がわかるということです。

⊃ 中心極限定理は正規分布のパラメータも定義している [図4-7-2]

中心極限定理

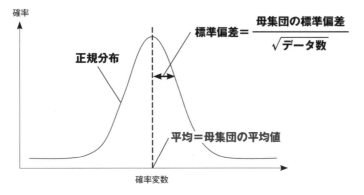

⊃ 正規分布と中心極限定理のパラメータ [図4-7-3]

正規分布のパラメータ
・山の真ん中の値を決める「平均値」
・山のばらつきを決める「標準偏差」

中心極限定理のパラメータ
・平均 ＝ 母集団の平均値
・標準偏差 ＝ 母集団の標準偏差 / $\sqrt{}$データ数

正規分布を正規化する

　t 値を計算するために、この正規分布を「平均 = 0、標準偏差 = 1」の形に変形させます。これを「標準化」または「正規化」といい、標準化した正規分布を「標準正規分布」といいます。標準正規分布は、上述の「平均 =0、標準偏差 =1」のパラメータを持つのが特徴です。ここでは通常の正規分布を、確率変数を変換することで標準正規分布にします（[図4-7-4]）。

Chapter 4　仮説が正しいかどうか仮説検定で結論を出す

⊃ 正規分布を正規化する [図4-7-4]

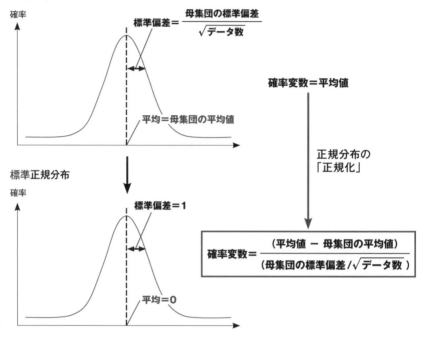

t分布に変換する

　さて、今回の事例にあてはめてみましょう。「母集団の平均値」は、帰無仮説（今回の例では仕入単価の平均値＝70）が存在するので、帰無仮説で設定した平均値が該当します。そして「平均値及びデータ数」は、手元のデータからすぐさま計算できます。しかし「母集団の標準偏差」はわかりません。そこで、母集団の標準偏差はわからないが、それを手元のデータで計算できる標準偏差に変えてしまおう、という代替案で乗り切ってしまうわけです。

　しかし、手元のサンプルの標準偏差に変換する場合、正規分布は使えないというルールがあり、**標準正規分布から「t分布」へ変える必要があります。**

　このt分布の「t」がt値の「t」になるわけです。

➡ 標準偏差の変換による、標準正規分布からt分布への変換 [図4-7-5]

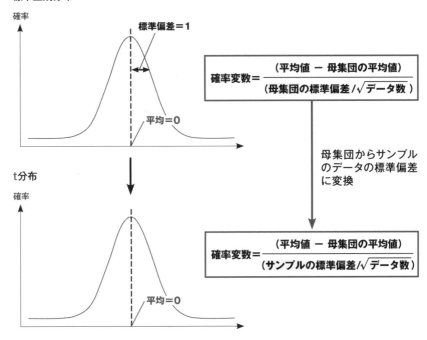

標準正規分布

確率

標準偏差＝1

平均＝0

$$確率変数 = \frac{(平均値 - 母集団の平均値)}{(母集団の標準偏差 / \sqrt{データ数})}$$

母集団からサンプル
のデータの標準偏差
に変換

t分布

確率

平均＝0

$$確率変数 = \frac{(平均値 - 母集団の平均値)}{(サンプルの標準偏差 / \sqrt{データ数})}$$

t分布は標準正規分布とほぼ同じと考える

　標準正規分布やらt分布やら、専門用語が出てきてちょっと理解が追いつ
かないかもしれませんが、標準正規分布とt分布を比較してみると、ほとん
ど見た目は変わりません。したがって、ひとまずここでは「標準正規分布と
t分布は、ほぼ同じ分布」と思っても構いません。

　では「t分布にする必要があるか？」という疑問を持つかもしれません。
実はt分布はデータ数によって形状が少し変わり、データ数が少ないと標準
正規分布から乖離し、データ数が多くなればなるほど標準正規分布の形状に
近くなります。昔はデータ数が少なかったので、t分布にする必要性が高かっ
たのですが、現代は技術の発展によりデータ数も100以上は普通に取れるた
め、t分布と標準正規分布の違いを気にする必要がほとんどなくなっている
という背景があります。

➲ 標準正規分布とt分布の比較 [図4-7-6]

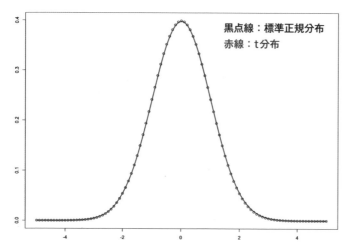

※ t分布は正確にはデータ数 N によって分布が多少変わり、上記は今回使用するデータ数と合わせて N=135 としている

さて、いよいよ大詰めです。以下の式でt値を計算することができます。

➲ t値の算出式 [図4-7-7]

t値 =
（平均値 - 母集団の平均値）/（サンプルの標準偏差[注6] / √データ数）

　このt値が、帰無仮説の世界として仮定されたt分布のどこにいるか？を把握することで、「手元のデータが帰無仮説の世界にいるのか、いないのか」を判断できます。

> t値のような仮説検定で用いられる指標を「検定統計量」といいます。

(注6) ここでの標準偏差は（データ数 -1）で割ったほうの分散のルート（平方根）を指します。

⊃ サンプルデータのt値を計算する [図4-7-8]

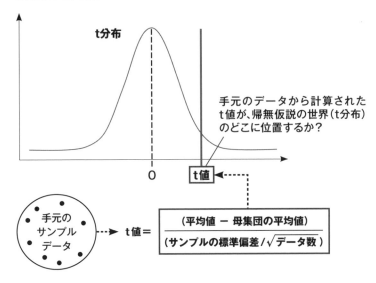

帰無仮説（の世界）

t値がわかればp値もわかる

t値がわかれば、p値の定義はとても簡単です。p値は「t値以上の極端な値を取る確率」として定義されているので、確率分布全体の面積である1から、t値までの累積面積を引いた値になります。

つまりt値がわかればp値も必然的に求められるので、逆に「t値だけでよいではないか？」と思うかもしれません。それはそうですが、t値は理論的には－∞から＋∞までの値を取り、値そのものでは有意水準5%との比較が数字上はわかりにくいのです。そのため、p値という0から1の間の値を取る確率として表現し、分析者にとってもわかりやすい指標に表現し直している、と考えましょう。

○ t値にもとづいてp値を計算できる [図4-7-9]

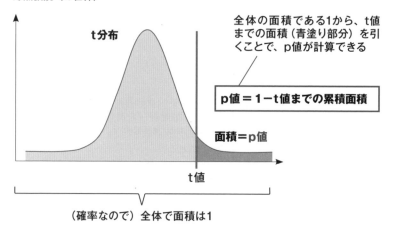

帰無仮説（の世界）

t分布

全体の面積である1から、t値までの面積（青塗り部分）を引くことで、p値が計算できる

p値＝1－t値までの累積面積

面積＝p値

t値

（確率なので）全体で面積は1

少々長くなってしまいましたが、t値とp値の計算ロジックをほとんど省略することなく説明してきました。この公式に基づいて、いよいよ実際にExcelを用いて今回の例に適用してみましょう。

ここがポイント！

● 帰無仮説の確率分布を知る必要があり、確率分布が決まれば手元のデータから（確率変数である）t値を計算できる

● t値が決まれば、p値は「t値以上の値を取る確率」なので、一意にすぐに計算できる

Section

08 Excelでp値を求めて 仮説検定を結論づけよう

　ここまでに学んだ内容を[図4-8-1]にまとめました。改めてt値とp値の定義を整理しておきましょう。

➲ t値とp値の定義 [図4-8-1]

帰無仮説（の世界）

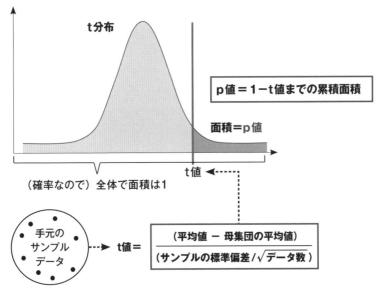

練習用ファイル：chap4.xlsx

実践 Excelでp値を求めてt検定を行ってみる

● p値を求めるステップを確認する

　ここで、もともとの問いであった「仕入単価の平均値が統計的に70円を上回っている」といえるかどうかを、Excelを使って、仮説検定の一種であるt検定によって求めてみましょう。

　練習用ファイルchap4.xlsxのchap4-8シートを開いてください。A列か

らC列に、青果物の仕入単価のデータが入力してあるので、C列にある仕入単価の情報から、平均、標準偏差、データ数を集計しましょう。chap4-8 シート上には、実際にp値を求めるときのステップがわかりやすいように、E列に各ステップの手順と入力欄を設けていいます。

⮕ p値を求めるステップ [図4-8-2]

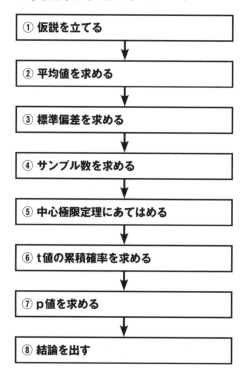

① 仮説を立てる

② 平均値を求める

③ 標準偏差を求める

④ サンプル数を求める

⑤ 中心極限定理にあてはめる

⑥ t値の累積確率を求める

⑦ p値を求める

⑧ 結論を出す

● 平均値、標準偏差、サンプル数を求める

まずステップ①ですが、これは帰無仮説の設定で、「平均仕入単価は70円である」という帰無仮説を立てます。

次にステップ②〜④は、これまでのおさらいも兼ねてやってみましょう。ステップ②の平均値はAVERAGE関数でしたね。引数はC列の仕入単価を指定します。なお、列全体を指定する場合は「C:C」のように入力しましょう。ステップ③の標準偏差はSTDEV.S関数で求められます。そしてサンプル数は、数値が入力されたセルの個数を数えるCOUNT関数で求めます。

⟳ 関数で平均値、標準偏差、サンプル数を求める [図4-8-3]

	A	B	C	D	E	F	G
1	商品ID	タイプ	仕入単価				
2	ID_DA07	青果物	85		例1. 1標本によるt検定を計算してみよう		75.8444444
3	ID_DA08	青果物	86				
4	ID_DA43	青果物	84		STEP1：「平均 仕入単価は70円である」という仮説を立てます		
5	ID_DA44	青果物	82		（この意味は、真の平均が70ということになります。）		
6	ID_DA55	青果物	109				
7	ID_DA56	青果物	48		STEP2：サンプル平均を求めます		
8	ID_DB08	青果物	93		サンプル平均=	75.84	**=AVERAGE(C:C)**
9	ID_DB21	青果物	95				
10	ID_DB32	青果物	42				
11	ID_DB44	青果物	79		STEP3：サンプルの標準偏差を求めます		
12	ID_DB56	青果物	72		サンプル標準偏差=	22.07	**=STDEV.S(C:C)**
13	ID_DB57	青果物	86				
14	ID_DC08	青果物	119				
15	ID_DC32	青果物	48		STEP4：サンプル数を確認します。		
16	ID_DC33	青果物	63		サンプル数	135	**=COUNT(C:C)**
17	ID_DC44	青果物	60				
18	ID_DC45	青果物	60				

すると、平均値は「75.84」、標準偏差は「22.07」、サンプルの個数は「135」であることがわかります。

● 中心極限定理とt分布にもとづきt値を計算する

続いては、ステップ⑤の中心極限定理とt分布にもとづいて、検定統計量t値を計算します。母集団の平均値は、今回の帰無仮説に従うので、仕入単価＝70円です。ここではセルF24に「サンプル平均 − 母集団の平均」を入力しましょう❶。これがt値の計算式の分子になります。続けて、分母にあたる計算をしましょう。

⟳ t値の計算式の分子の値を計算する [図4-8-4]

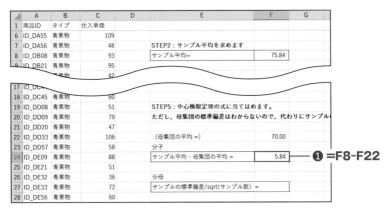

	A	B	C	D	E	F	G
1	商品ID	タイプ	仕入単価				
6	ID_DA55	青果物	109				
7	ID_DA56	青果物	48		STEP2：サンプル平均を求めます		
8	ID_DB08	青果物	93		サンプル平均=	75.84	
9	ID_DB21	青果物	95				
		果物	42				
17	ID_DC						
18	ID_DC45	青果物	60				
19	ID_DD08	青果物	51		STEP5：中心極限定理の式に当てはめます。		
20	ID_DD09	青果物	79		ただし、母集団の標準偏差はわからないので、代わりにサンプル		
21	ID_DD20	青果物	47				
22	ID_DD33	青果物	106		（母集団の平均 =）	70.00	
23	ID_DD57	青果物	58		分子		
24	ID_DE09	青果物	88		サンプル平均 - 母集団の平均 =	5.84	❶ **=F8-F22**
25	ID_DE21	青果物	51				
26	ID_DE32	青果物	36		分母		
27	ID_DE33	青果物	72		サンプルの標準偏差/sqrt(サンプル数) =		
28	ID_DE56	青果物	60				

分母は「サンプルの標準偏差/SQRT（サンプル数）」ですね。SQRT関数は、平方根を求める関数です。ステップ③で算出した標準偏差とステップ④で求めたサンプル数から導き出せます。これはセルF27で計算しましょう。セルF27に、「=F12/SQRT（F16）」と入力します❷。

➲ t値の計算式の分母の値を計算する [図4-8-5]

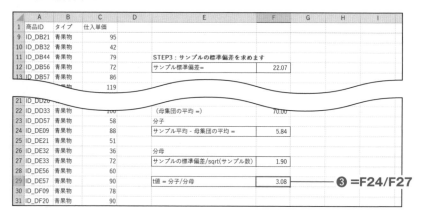

あとは、❶と❷の数値で「＝分子/分母」を計算します。セルF29に「=F24/F27」と入力しましょう❸。

➲ t値を計算する [図4-8-6]

● p値を求める

セル F29 に「3.08」と表示されましたね。これが t 値です。しかしこの数値のままでは結果が判断しづらいので、最後に p 値に直しましょう。ステップ⑥にあるように、p 値を求めるために、まずは t 値までの累積確率を計算します。ここで「t 値までの累積確率」を計算するために、T.DIST 関数を使用します。

またセル F34 に自由度という概念が出てきますが、これは t 分布の形状を決めるためのパラメータとなっています。イメージとしては、Excel の【補足】t 分布シートをご覧ください。この図は自由度を 2、10、100 と変えたときの t 分布をプロットしてあります。先ほど、正規分布は平均や分散の値が変わると形状が変わる、という説明をしましたが、t 分布も同様に自由度の値が変わると形状が変わるのです。

➲【補足】t分布シートのグラフ ［図4-8-7］

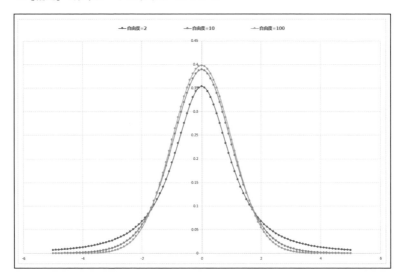

そしてこの自由度は「データ数 -1」として定義されています。ここでなぜ「データ数 -1」となるのかは、かなり専門的な説明で本書の範囲を超えてしまうので「そのような定義なのだ」と思っておけば実務上はまったく問題ありません。

自由度は、サンプル数から 1 を引いたものです。セル F34 に「=F16-1」と入力します❶。また、累積確率は、T.DIST 関数を使って求めます。セル F35 に「=T.DIST（F29,F34,TRUE）」と入力します❷。T.DIST 関数は、最初の引数に t 値を指定し、2 番めの引数は自由度、3 番目の引数は、t 値の右側の部分を求める場合は「TRUE」を指定します。

⮕ 自由度と累積確率を求める [図4-8-8]

	A	B	C	D	E	F	G	H
1	商品ID	タイプ	仕入単価					
31	ID_DF20	青果物	90					
32	ID_DF21	青果物	105		STEP6：T値の累積確率を計算しましょう。			
33	ID_DF44	青果物	61					
34	ID_DF56	青果物	68		自由度（サンプル数-1）=	134		
35	ID_DF57	青果物	107		累積確率	99.87%		
36	ID_DG09	青果物	109					
37	ID_DG32	青果物	92					
38	ID_DG44	青果物	60		STEP7：今のT値よりもより大きい値が出る確率を計算しましょ			
39	ID_DG56	青果物	62		ポイント：この確率をP値と言います。			
40	ID_DH08	青果物	98					

❶ =F16－1
❷ =T.DIST(F29, F34,TRUE)

これで、累積確率が 99.87% と求められました。次のステップ⑦で、p 値を計算します。p 値の計算式は「1 - t 値までの累積面積」ですね。t 値までの累積面積は❷でセル F35 に求めたので、セル F41 に「=1-F35」と入力します。

⮕ p値を求める [図4-8-9]

	A	B	C	D	E	F	G	H
1	商品ID	タイプ	仕入単価					
37	ID_DG32	青果物	92					
38	ID_DG44	青果物	60		STEP7：今のT値よりもより大きい値が出る確率を計算しましょう			
39	ID_DG56	青果物	62		ポイント：この確率をP値と言います。			
40	ID_DH08	青果物	98					
41	ID_DH32	青果物	59		p値 =	0.13%		
42	ID_DH57	青果物	74					
43	ID_DI20	青果物	89					
44	ID_DI32	青果物	62		STEP8：STEP1で設定した仮説についてどう思いますか？			
45	ID_DI44	青果物	58					
46	ID_DI56	青果物	71					

❸ =1－F35

● 結論を出す

p 値は「0.13%」となりました。この結果をどう捉えたらよいでしょうか。有意水準を 5% とすると、「有意水準 ＞ p 値」の関係が成り立っています。p 値が有意水準を下回っている場合は何がいえたか思い出してください。結論としては、仕入単価 = 70 円という帰無仮説を棄却して、仕入単価は 70 円より大きいという対立仮説を採用できる、ということです。これで、ただ偶然に 70 円を上回っているというだけでなく、統計的有意に 70 円より大きいことを主張できます。

◑ p 値と有意水準を比較することで、帰無仮説を棄却できる [図4-8-10]

帰無仮説（の世界）

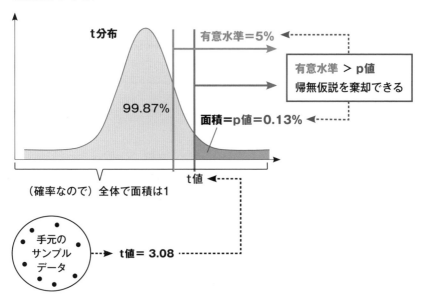

今回の例では、「仕入単価を70円に押さえるという目標」に対して、実際の手元のデータからは、「統計的有意に70円を超えてしまっている」ことがわかりました。

ビジネス上、より仕入単価を下げるような施策を積極的に行っていく必要があるといえそうですね。

ちなみに、仮にp値が15%や30%などと有意水準を超えていたら、帰無仮説を棄却できなくなるため何もいえません。つまり、今回の結果に対して統計的に差があるとも差がないともいえないので、何とも歯がゆいですが、再度調査をしてその結果を検定して結果を導く、という対応が必要です。

仮説検定の注意点

さて、これにて今回の例における結果を導くことができたのですが、最後の一点だけ注意点です。改めて、t値の定義を振り返りましょう。

➔ t値の定義 [図4-8-11]

t 値 ＝ （平均値 − 母集団の平均値）/ （サンプルの標準偏差 / √データ数）

この式から少し考えてほしいのですが、まず[図4-8-11]の式で表される通り、t 値が大きくなればなるほど p 値は小さくなり、帰無仮説を棄却しやすくなります。そして t 値の分子をみると、平均値が母集団の平均値と乖離するほど、分子なので t 値は大きくなりますよね。つまり手元のデータで得られた平均値が、もともと帰無仮説で定義していた平均値と乖離するほど、帰

無仮説を棄却しやすくなりそうですよね。

　さらに分母を見ると、次のことがわかります。

➲ 分母からわかること [図4-8-12]

・標準偏差は小さくなるほど、t値は大きくなる（p値は小さくなる）
・データ数は大きくなるほど、t値は大きくなる（p値は小さくなる）

　つまり、t値やp値は、平均値（と母集団の平均値の乖離）だけではなく、標準偏差とデータ数も影響するのです。「平均値と母集団の平均値が乖離していて、標準偏差が小さく、データ数が大きければ、p値は小さくなり、帰無仮説を棄却しやすくなる」ということです。

仮説検定に関する分析結果を報告している際に、なぜ平均値がそこまで（帰無仮説で設定したものと）離れていないのに、有意になっているんだ？という質問を受けますが、これは仮説検定が、ばらつきを示す標準偏差や、データ数も一緒に考えているからですね。

なるほど。もしそういう質問を受けたら、t値やp値の定義を振り返れば説明できそうです。

Chapter 4

仮説が正しいかどうか仮説検定で結論を出す

「分析ツール」で2標本の t検定をしてみよう

検定したい事象が2つの場合

Section08では、「商品タイプが青果物の仕入単価」という1グループに対して、Excelで実際に計算をしながら検定を行いました。しかし実務では毎回Excelで計算をするのは、少々面倒です。さらに、Section08のような「1標本のt検定」であれば、手計算でもそこまで難しくありませんが、ほかの検定手法を行おうと思うと、毎回計算するのは厳しくなってきます。そこでExcelの分析ツールの出番です。ここでは「2標本のt検定」を試してみましょう。まず、2標本とはどういうことかを知るために練習用ファイルchap4.xlsxのchap4-9シートのB列からE列を見てください。ある仕入業者A社とB社それぞれから仕入れた商品群の仕入単価を並べてあります。

この店舗はいくつかの仕入業者を使っていますが、「仕入業者ごとの仕入単価の差を少なくしたい」という課題があるとしましょう。そこで、先ほどと同じように、「A社とB社の同じ商品に関して、仕入単価に果たして差があるのだろうか？」という問いに仮説検定を用いて答えを導き出してみましょう。

⮕ A社とB社の商品ごとの仕入単価 [図4-9-1]

商品ID	仕入単価	商品ID	仕入単価
	A社		B社
ID_DN23	93	ID_DH26	83
ID_DO11	159	ID_DH50	79
ID_DO23	38	ID_DI14	87
ID_DP11	96	ID_DI26	68
ID_DP23	106	ID_DI50	71
ID_DP59	97	ID_DJ26	127
ID_DQ11	82	ID_DK38	109
ID_DQ23	88	ID_DL26	62
ID_DQ59	49	ID_DL38	73

127ページの仮説検定は、「青果物の平均仕入単価が70円を超えているかどうか？」という問いで、1つのデータ（グループ）に関して、何かしらの値と比較しています。統計学ではこれを「1標本のt検定」と呼びます。

一方、今回のように「A社とB社の商品」という2つのデータ（グループ）の平均値を比較する場合を「2標本のt検定」と呼びます。イメージとしては[図4-9-2]のように、A社とB社の商品群それぞれのデータの平均値の分布を比較して、差があるかチェックしよう、ということです。

◯ 2標本のt検定のイメージ [図4-9-2]

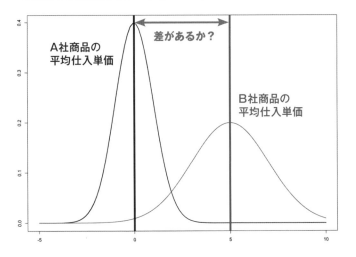

対象とする2つのデータ（標本）の平均値に差があるかどうかも仮説検定できる

練習用ファイル：chap4.xlsx

実践 分析ツールで2標本のt検定を行う

1標本か2標本かの違いでt値の計算は難しくなりますが、2標本のt値の計算を覚えておく必要はないので、ここはExcelの分析ツールに頼ってしまいましょう。練習用ファイルchap4.xlsxのchap4-9シートを開いておい

てください。

● 検定の種類を選択する

Excelの［データ］タブの［データ分析］をクリックして［データ分析］ダイアログボックスを表示します。［t検定：分散が等しくないと仮定した2標本による検定］を選択して❶、［OK］ボタンをクリックします❷。

⮕ 分析ツールを選択 [図4-9-3]

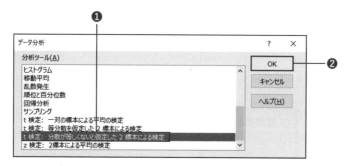

● 変数を指定する

［t検定：分散が等しくないと仮定した2標本による検定］ダイアログボックスが表示されます。まずは入力元となるデータ範囲を指定します。［変数

> **Tips** 「分散が等しくないと仮定した2標本」とは？
>
> ここで選んだ分析ツールの「分散が等しくないと仮定した2標本」とはどういうことでしょうか。正確にいうと、対象とする2標本のデータの分散が等しいか等しくないかで、検定内での計算方法が異なります。しかし分散が等しくなることはほとんどなく、実務上は基本的に「分散が等しくない」ことを前提としてしまって大丈夫です。また分析ツールにはほかにも「z検定：2標本による平均の検定」とありますが、こちらも分散が既知であるという前提を置いている検定で、母集団の分散や標準偏差が既知である状態もまずないので、実務ではほとんど使われません。したがって、実務上は本書に記載の項目を選んでしまって大丈夫です。

1の入力範囲]は、A社の仕入単価であるセルC4からセルC36を指定し❶、[変数2の入力範囲]は、B社の仕入単価であるセルE4からセルE41を指定します❷。なお、選択範囲の最初のセルは見出し行（ラベル）なので、[ラベル]にチェックを入れておきましょう❸。

⊃ 変数を指定する [図4-9-4]

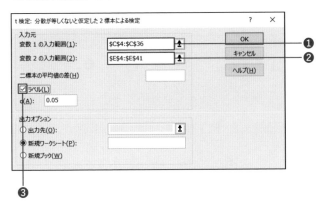

● 平均値の差と有意水準を指定する

　[二標本の平均値の差]は、2つの標本の差がいくつであるか検証したい数値を指定します。今回はA社とB社の差が0であるかどうかを検証したいので、「0」と入力します❶。[α]は有意水準です。今回は5%としたいので、そのままで大丈夫です❷。

⊃ 平均値の差と有意水準を指定する [図4-9-5]

● 計算結果を表示するセルを指定する

　ここではセル G3 に計算結果を表示します。[出力先]をクリックして❶、セル G3 を指定します❷。これで設定は完了です。[OK]ボタンをクリックしましょう❸。

◯ 出力先を指定する [図4-9-6]

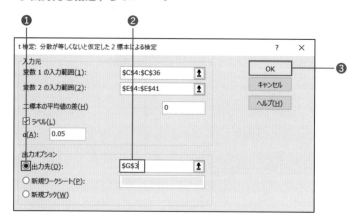

● 計算結果を確認する

　結果が表示されました（[図4-9-7]）。ここでチェックするのは、「両グループの平均値」と「仮説検定による p 値」の 2 つです。

　まず A 社と B 社の「平均」を見ると、A 社が 74.4、B 社が 86.6 と差があり、B 社の方が単価が高くなっています。

　そして、p 値を示す「P(T<=t) 両側 」は、0.049（4.9%）となっており、わずかですが有意水準の 5% を下回っています。ここからどのように解釈すればよいでしょうか。

「有意水準＞ p 値」という関係なので、「A 社と B 社で仕入単価の平均に差がない」という帰無仮説を棄却できます。したがって、A 社と B 社で仕入単価に差が出ていることになり、（もし仕入単価を平準化していきたいという課題があるのであれば）何かしら仕入単価に差が出てしまっている要因を突き止め、その原因に対しての打ち手を打っていく必要があるでしょう。

➲ 2標本のt検定の出力結果 [図4-9-7]

t-検定: 分散が等しくないと仮定した2標本による検定

	A社	B社
平均	74.4375	86.6486486
分散	848.383065	379.734234
観測数	32	37
仮説平均との差	0	
自由度	53	
t	-2.0136307	
P(T<=t) 片側	0.02456899	
t 境界値 片側	1.67411624	
P(T<=t) 両側	0.04913797	
t 境界値 両側	2.005746	

— A社が74.4、B社が86.6と、平均値に差がある

— p値は4.9%で、わずかだが有意水準5%を下回っている

A社とB社の平均仕入単価に差があるといえる

仮にp値が有意水準を上回っていた場合はどう解釈すればよいのですか？

有意水準というのは「帰無仮説を棄却したときに、その判断が間違っている確率（第一種の過誤）」として5%に設定されています。裏返すと、「帰無仮説を棄却しなかったときに、その判断が間違っている」かどうかは気にしていないということですね。

p値が有意水準を超えていて、帰無仮説を棄却できなかったときは、その帰無仮説を棄却できないという判断が間違っているかどうかをチェックする基準がないということですか？

そうです。「なんともいえない」という歯がゆい結論となってしまうのですが、これはしかたのないことなので、そのように受け止めましょう。

10 事象間に関係性があると いえるのか確認する

さて、前節までt検定を学んできましたが、最後にもう1つ実務でよく使われる検定手法である「カイ二乗検定」を簡単に紹介しておきましょう。カイ二乗検定の計算ロジックは難解ですが、t検定と似ている部分もあります。また実際の計算はExcelでやるので、まずはチャレンジしてみましょう。

chap4.xlsxのcha4-10シートには、あるネットスーパー（ECサイト）のA/Bテストのデータがまとめられています。このネットスーパーでは、Webページのデザイン変更によるコンバージョン率（CVR）の改善を狙っており、この検証結果を、統計的仮説検定を用いてチェックしたいと考えています。

A/Bテストとは？

まずは、A/Bテストを簡単におさらいしておきましょう。そもそもA/Bテストをなぜ行うかといえば、「対象となる打ち手がKPIに対して有効かどうかを推測するため」です。

もう少し具体的に説明すると、この実験は対象となるユーザーを、可能な限りランダムにA群とB群に振り分けて、片方の群に新しい施策、他方の群にはこれまで通りの施策を打つことで、施策による結果の差を検出しようという手法です。

今回の例だと、実験対象とするECサイトを訪問したユーザーを、ランダムにA群とB群に分けて、A群には「旧デザイン」を見せ、B群には「新デザイン」を見せるというデザインの打ち分けをします。

その結果、ECサイト登録へのCVRがA群は1.0%、B群は1.9%、という結果が得られたとします。その後、統計的手法を用いて、この差が偶然生じたものか、あるいは統計的有意な差であると認めることができるかを分析します。

⊃ A/Bテストのイメージ [図4-10-1]

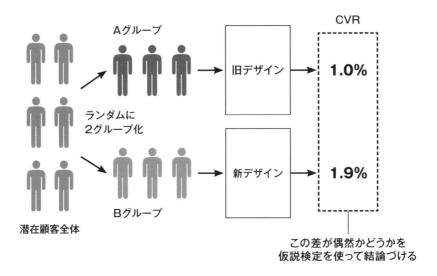

A/Bテストにおけるカイ二乗検定

　このA/Bテストの結果、果たしてデザインの新旧によりCVRに有意に差があるのかが知りたいところですね。つまり言い換えると、「デザインの新旧」と「CVR」に関係があったのかを統計的仮説検定の一種である「カイ二乗検定[注7]」により判定します。

　まず仮説検定で最初に確認しなければいけないものは、その検定における帰無仮説と対立仮説でしたね。皆さんが今後新しい検定に出くわしたときも、必ずこの2つの仮説が何かを押さえるようにしてください。カイ二乗検定では、[図4-10-2]のような仮説が設定されます。

(注7)「独立性の検定」といわれることもあります。実務上ではどちらも同義語と捉えてしまって差し支えないでしょう。

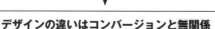

⬤ A/Bテストにおけるカイ二乗検定 [図4-10-2]

帰無仮説
2つの事象（デザインとコンバージョン）は独立（無関係）である

↓

デザインの違いはコンバージョンと無関係

対立仮説
2つの事象（デザインとコンバージョン）は独立（無関係）でない

↓

デザインの違いはコンバージョンと関係ある

　図中の「独立」という言葉について説明しておきましょう。ここでは A/
Bテストを行っている文脈から考えます。「ある事象（今回の例ではデザイン）
に対して、結果となる事象（今回の例ではコンバージョン）がどう変化して
いるか？」を確認しているので、2つの事象である新旧デザインとコンバー
ジョン率が独立（無関係）であるならば、「デザインの違いはコンバージョ
ンに寄与していない」といって差し支えないでしょう。一方で、もしデザイ
ンとコンバージョンが独立でない（関係がある）ならば、それはデザインの
違いがコンバージョンに寄与している、といってよいと思います。
　注意点は、カイ二乗検定はあくまで「2つの事象が関係しているか？」の
チェックなので、その2つの事象に因果関係があるかどうかはわかりません。
因果関係があるかどうかは A/Bテストで検証できる、ということです。

練習用ファイル：chap4.xlsx

実践 Excel でカイ二乗検定を計算しよう

　それでは Excel でカイ二乗検定を行ってみましょう。練習用ファイル
chap4.xlsx の chap4-10 シートのセル B10 からセル E14 に、2つの事象であ
るデザイン（旧か新か）とコンバージョン（離脱か登録か）の 2 × 2 でユー

ザーを分割した表があります。これが実績の表となりますが、カイ二乗検定では、仮に2つの事象に関係がなかった際の表である「期待度数」を作成して、差があるかどうかの結論を出します。

具体的に見ると[図4-10-3]にある通り、実績の結果からはデザインの新旧に関係なく、「離脱対登録＝約98.5%対約1.5%」の割合であることがわかります。ということは、もしデザインがコンバージョンに関係がないとしたら、旧デザインであろうと新デザインであろうと、どちらの場合も離脱数と登録数は98.5%対1.5%になっているはずですね。

そこで、旧デザインの計2,000人と新デザインの計2,100人を、それぞれ98.5%対1.5%の割合で按分する表を作成します。これを「期待度数」と呼びます。そして、もしこの2つの表（の中の数値同士）に差があれば、デザインによって離脱と登録の関係（割合）が変わっていることになるので、2つの表に基づいた計算によって、差があれば帰無仮説である「対象とする2つの事象は独立（無関係）である」を棄却できることになります。

◆ カイ二乗検定では実績値と期待度数を比較する [図4-10-3]

実績値

	離脱数	登録数	合計
旧デザイン	1980（99%）	20（1%）	2000
新デザイン	2060（98.1%）	40（1.9%）	2100
合計	4040（98.5%）	60（1.5%）	4100（100%）

デザインに関係なく平均的にユーザー割合は98.5%／1.5%

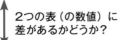

2つの表（の数値）に差があるかどうか？

期待度数

	離脱数	登録数	合計
旧デザイン	1971（98.5%）	29（1.5%）	2,000
新デザイン	2069（98.5%）	31（1.5%）	2,100
合計	4040（98.5%）	60（1.5%）	4100（100%）

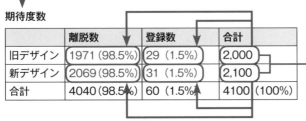

旧／新デザインそれぞれで、合計人数を98.5%／1.5%の割合で按分すると、2つの事象に関係がなかった場合のデザイン×コンバージョンの表になる

実際には、この2つの表にある4つの数値の差によって計算される統計量（「カイ二乗値」と呼ばれます）は、カイ二乗分布と呼ばれる確率分布に従っていることが知られています。これが「カイ二乗検定」と呼ばれる所以です。

　確率分布に従っていれば、その差から計算された統計量をもとに、その統計量より極端な値を取る確率であるp値も算出できます。

　このp値が有意水準（今回も5％としておきましょう）を下回っていれば、「対象とする2つの事象は独立（無関係）である」という帰無仮説の世界にいる確率が少ないということで、帰無仮説を棄却でき、「デザインがコンバージョンに関係がある」という対立仮説を採用できます。逆にp値が有意水準を上回っていれば、帰無仮説を棄却できません。

⊃ 実測値と期待度数の差から計算されるカイ二乗値 [図4-10-4]

実績値

	離脱数	登録数	合計
旧デザイン	1980（99％）	20（1％）	2000
新デザイン	2060（98.1％）	40（1.9％）	2100
合計	4040（98.5％）	60（1.5％）	4100（100％）

2つの数値の差によって
計算される統計量　→　**カイ二乗値**

期待度数

	離脱数	登録数	合計
旧デザイン	1971（98.5％）	29（1.5％）	2,000
新デザイン	2069（98.5％）	31（1.5％）	2,100
合計	4040（98.5％）	60（1.5％）	4100（100％）

⊃ 実績値と期待度数から計算できる統計量はカイ二乗分布に従う[注8] [図4-10-5]

帰無仮説（の世界）

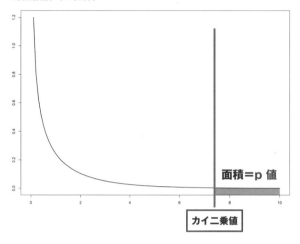

さて、では Excel で期待度数を計算しましょう。セル C18 からセル D19 が期待度数を算出する箇所です。計算自体は難しくなく、ただ旧、新デザインの 2,000 人、2,100 人を、実績の割合（98.5% 対 1.5%）で、按分すればよいので、[図4-10-6]のように計算します。

⊃ 期待度数を求める [図4-10-6]

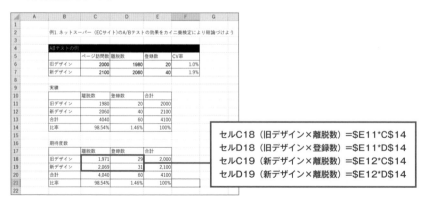

最後に、実績値と期待度数の差をもとに p 値を計算すれば終わりです。ただこの p 値の計算は、Excel に用意された CHISQ.TEST 関数で行います。CHISQ.TEST 関数の最初の引数には実測値範囲を指定します。ここでは、

(注8) 正確には、カイ二乗分布も「パラメータ」を持っており、表内の数値の個数によって分布の形状が異なりますが、図中のカイ二乗分布は、今回の 2 × 2 の表に対応するパラメータを持つ分布の形状を描いています。

Chapter 4 仮説が正しいかどうか仮説検定で結論を出す

実績値が入力されたセル C11 からセル D12 になります。次の引数には期待値範囲を指定します。ここでは、期待度数の表からセル C18 〜セル D19 を指定します。

⮕ 実績値と期待度数からp値を計算する [図4-10-7]

```
C25        ×  ✓  fx  =CHISQ.TEST(C11:D12,C18:D19)
    A       B          C          D
22
23
24        カイ二乗検定
25        p値 =           1.59%
26        (有意水準＝)      5%
27
28        結論 =
29
```

=CHISQ.TEST(C11:D12,C18:D19)
                    ❶   ❷

❶ 実測値範囲
新旧デザインの離脱数、登録数の実績

実績	離脱数	登録数	合計
旧デザイン	1980	20	2000
新デザイン	2060	40	2100
合計	4040	60	4100
比率	98.54%	1.46%	100%

❷ 期待値範囲
新旧デザインの離脱数、登録数の期待値

期待度数	離脱数	登録数	合計
旧デザイン	1,971	29	2,000
新デザイン	2,069	31	2,100
合計	4,040	60	4100
比率	98.54%	1.46%	100%

　結果は、p値 = 1.59% になっています。この結果をどう解釈すればよいでしょうか。今回の有意水準は 5% なので、それを下回っています。したがって、帰無仮説である「デザインとコンバージョンは無関係である」を棄却することができ、対立仮説である「デザインはコンバージョンに関係がある」を採用することができます。

　これにより、今回のデザイン変更案は、A/B テストによって統計的有意にコンバージョンを向上させることが示されたので、有効な打ち手であったのではないかと推測することができますね。

仮説検定のポイント！

- 帰無仮説と対立仮説を最初に設定する
- 手元のデータからp値を求める
- 有意水準とp値を比較して帰無仮説を棄却するかしないか判断する

Chapter 5

データの前処理を理解する

01 欠損値の処理

ここまでに学んだ可視化や仮説検定を使いこなせれば、営業施策を説得力をもって提案できそうです。

そうですね。このあと学ぶ回帰分析や最適化といった手法を使えるようになれば、ふだんのビジネスシーンで必要なデータ分析はほぼこなせるようになるでしょう。

先は長そうですね……。

ここでは具体的な分析手法はひとまずお休みして、「データの前処理」を解説します。これまでにも出てきた外れ値や、データが含まれていない欠損値をあらかじめ処理しておくことで、分析をスムーズにこなしましょう。

データの前処理でできること！

- ☑ 空のデータを削除する
- ☑ 表記ゆれを統一する
- ☑ 外れ値や異常値を特定する
- ☑ カテゴリカル変数をダミー変数に変換する

欠損値とは？

　それでは「欠損値の処理」について学びましょう。まず「欠損値」とは何でしょうか？ 欠損値とは、「ある列（変数）における値の入っていない行（データ）」を指します。言い換えると、**「本来入力されているべきデータがない状態」**です。実際には、単なる空白ではなく「NA」などの文字列が入力されたケースもあります。

⊃ 欠損値とは、値の入っていないデータのことを指す [図5-1-1]

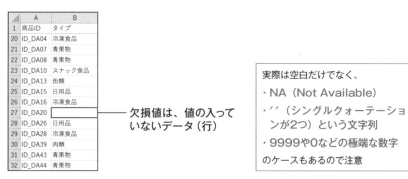

欠損値は、値の入って
いないデータ（行）

実際は空白だけでなく、
・NA（Not Available）
・''（シングルクォーテーションが2つ）という文字列
・9999や0などの極端な数字
のケースもあるので注意

データの管理者と情報を共有しながら、欠損値を発見しましょう。

練習用ファイル：chap5.xlsx

実践 欠損値の数を調べる

　これまで使ってきたデータで欠損値がないか確認してみましょう。練習用ファイル chap5.xlsx の chap5-1-1 シートの A 列から B 列に、商品 ID ごとのタイプを記載してあります。欠損値は、データ範囲全体の行数とデータが入力された行数を比較すればわかります（[図5-1-2]）。

➲ 欠損値の求め方 [図5-1-2]

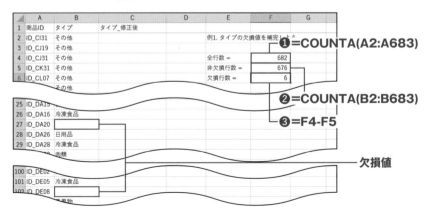

商品ID（データの全行数）− タイプ ＝ 欠損値数

ここでは、A列の商品IDとB列のタイプのデータ数を比較します。商品IDとタイプはどちらも文字列なので、COUNTA関数で数を求められます。ここではセルF4に商品IDの数を求め、セルF5にタイプの数を求めています。そして、商品ID数とタイプ数の差を求めれば、それが欠損値の数となります。[図5-1-3]を参考に、セルF6に欠損値の数を求めてみましょう。COUNTA関数は、引数にセル範囲を指定すると、そのセル範囲に含まれる文字列の数を求めることができます。セル4に「=COUNTA（A2:A683）」❶、セルF5に「=COUNTA（B2:B683）」と入力します❷。その計算結果の差分を求めたいので、セルF6に「=F4-F5」と入力しましょう❸。計算結果として6が求められます。

➲ 文字列データの欠損値を求める [図5-1-3]

	A	B	C	D	E	F	G
1	商品ID	タイプ	タイプ_修正後				
2	ID_CI31	その他			例1. タイプの欠損値を補完しよう		
3	ID_CJ19	その他					
4	ID_CJ31	その他			全行数 =	682	
5	ID_CK31	その他			非欠損行数 =	676	
6	ID_CL07	その他			欠損行数 =	6	
		その他					
25	ID_DA15						
26	ID_DA16	冷凍食品					
27	ID_DA20						
28	ID_DA26	日用品					
29	ID_DA28	冷凍食品					
		肉類					
100	ID_DE02						
101	ID_DE05	冷凍食品					
102	ID_DE08						
		果物					

❶=COUNTA(A2:A683)

❷=COUNTA(B2:B683)

❸=F4-F5

欠損値

次に、chap5-1-2 シートで数値データの欠損値を調べましょう。chap5-1-2 シートには、商品 ID ごとの重量を A 列から B 列に記載してあります。セル範囲に含まれる数値データの個数を求めるには COUNT 関数を使います。セル F4 に「=COUNTA（A2:A683）」❶、セル F5 に「=COUNT（B2:B683）」と入力します❷。セル F4 とセル F5 の差分を求めたいので、セル F6 に「=F4-F5」と入力しましょう❸。計算結果として 6 が求められたでしょうか。

⊃ 数値データの欠損値を求める [図5-1-4]

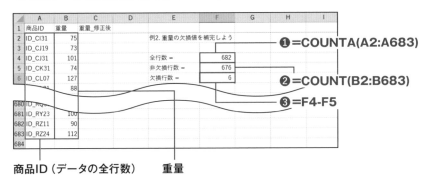

商品ID（データの全行数）　　　重量

それぞれ 6 行ずつ欠損が確認できました。

Excel では、欠損値があっても基本統計量の計算などは行えましたが、ほ

Tips　COUNT 関数と COUNTA 関数を使い分ける

今回は COUNT 関数と COUNTA 関数という 2 つの関数を使用しました。非常に似ている名前の関数で、両方とも個数を数える関数です。違いとしては、COUNT 関数は「対象セル範囲にて数値が入っているセルの個数を数える」関数で、COUNTA 関数は「対象セル範囲にて空白ではないセルの個数を数える」関数となります。したがって今回は、タイプ文字列データの欠損を確認する場合に COUNTA 関数、重量という数値データの欠損を確認する場合に COUNT 関数を使用している、というわけです。

ただし COUNTA 関数は、セル範囲に空の文字列を返す数式が含まれている場合、その値も計算の対象としまい、' や、0、NA も拾ってしまう点には注意しておきましょう。

かのソフトウェアでは、欠損値があるとエラーが発生するものがあります。そのため欠損がないデータに変換する必要があります。具体的な方法を見ていきましょう。

欠損値の処理方法

欠損値の処理方法にはいろいろなものがありますが、今回は代表的で簡単な処理方法を紹介します。ここで紹介する方法が使いこなせれば、実務上は問題ないでしょう。

一番簡単な処理方法は、「欠損のある行をすべて削除する」です。この方法のメリットはもちろん処理方法が簡単ということですが、大きなデメリットがあります。それは分析に使用するデータ数が減ってしまうということです。したがって、全体の行数に対して、欠損している行数の割合が（数％程度など）非常に少ないのであれば、問題ない処理方法といえます。

次なる処理方法は、対象とする列がカテゴリカル変数（「質的変数」ともいいます）か、そうでない連続変数（「量的変数」ともいいます）かで変わります。カテゴリカル変数の場合は、平均値や中央値といった基本統計量が計算できないので、連続変数とは扱いを変えないといけません。具体的には欠損値に対して[図5-1-5]のような処理をします。

➲ カテゴリカル変数の欠損値の補完処理 [図5-1-5]

A. 欠損のある行を削除する

| Tips カテゴリカル変数とは？

カテゴリカル変数は、連続数値でない値の場合を指します。たとえば「性別」という変数は「男性・女性・その他」、「方角」という変数は「東・西・南・北」という値を取りますね。このような変数の値は見てわかる通り1、2、3、4……といった連続的な数値ではなく、それぞれの値そのものがカテゴリになっています。このような変数をカテゴリカル変数といいます。

B. その列で出現頻度の一番高いカテゴリとして補完する

C. 「欠損あり」や「その他」といった、その列にはないカテゴリとして補完する

　どちらがよいかはケースバイケースですが、ですが、たとえば「8〜9割の行はXというカテゴリでそのほかの行はY、Z……といったカテゴリというような、出現頻度の高いカテゴリが多くの割合を占めているような場合は、Bの方法が無難かもしれません。

　一方、連続変数の場合は列全体で基本統計量が計算できるため、以下のように欠損値を補完可能です。

⊃ 連続変数の欠損値の補完処理と使い分け [図5-1-6]

A. 欠損のある行を削除する

B. 0で補完する……0あるいは0付近の数値が多い場合

C. 平均値で補完する……平均値と中央値の違いがほとんどない場合

D. 中央値で補完する……（外れ値などの影響で）平均値と中央値が大きく異なっている場合

Tips　ほかにもある欠損値の補完方法

　本章の技術レベルからは少々外れますが、欠損値の補完として、上記に記載した方法以外にもいくつか方法があります。

　たとえば、欠損していないデータ群を使用し、欠損値以外の変数（列）群から欠損値対象の変数を予測する予測モデルを作成してしまいます。そのモデルを欠損しているデータ群に対して適用して、欠損値以外の変数から欠損値を予測することで、欠損値を補完するといった方法も存在します。学問的にはほかにもさまざまなやり方がありますが、そこまで記憶しておく必要はないでしょう。そのようなやり方があると頭の片隅に入れておけば、基礎を学び終えた後に活用の幅が広がります。

これもどれを選ぶかはケースバイケースです。しっかりデータを見て適宜判断することが一番重要ですが、[図5-1-6]に示した使い分けのイメージを持っておくとよいでしょう。

練習用ファイル：chap5.xlsx

実践 カテゴリカル変数の欠損値を処理しよう

　それでは Excel で欠損値の処理を行います。まずは練習用ファイル chap5.xlsx の chap5-1-1 シートで、「タイプ」の欠損値を補完しましょう。

「タイプ」はカテゴリカル変数なので、182 ページの[図5-1-5]の A、B、C の補完方法が考えられます。今回は欠損している行が比較的少ないので、行ごと削除する A の方法もありますが、せっかくなので B か C の方法で補完してみましょう。出現頻度が一番高いカテゴリは、ピボットテーブルで可視化できますね。chap5-1-1 シートにはあらかじめセル E8 からセル F21 にピボットテーブルを作成してあるので見てみてください([図5-1-7])。「青果物」や「スナック食品」の出現頻度が高いことがわかります。また、この店舗は青果物が主力商品という背景もあるので、今回は B の補完処理を採用して欠損値は「青果物」として補完しておきましょう。

❏ ピボットテーブルで出現頻度の高いカテゴリを確認 [図5-1-7]

	A	B	C	D	E	F	G
1	商品ID	タイプ	タイプ_修正後				
2	ID_CI31	その他			例1. タイプの欠損値を補完しよう		
3	ID_CJ19	その他					
4	ID_CJ31	その他			全行数 =	682	
5	ID_CK31	その他			非欠損行数 =	676	
6	ID_CL07	その他			欠損行数 =	6	
7	ID_CL31	その他					
8	ID_CM07	その他			行ラベル	個数 / タイプ	
9	ID_CM19	その他			青果物	136	
10	ID_CM43	その他			スナック食品	135	
11	ID_CN14	その他			冷凍食品	89	
12	ID_CN43	その他			缶類	72	
13	ID_CO02	その他			日用品	67	
14	ID_CO55	その他			肉類	56	
15	ID_CP50	その他			ソフトドリンク	45	
16	ID_CQ43	その他			パン類	31	
17	ID_DA01	缶類			アルコール類	23	
18	ID_DA02	日用品			その他	15	
19	ID_DA03	日用品			魚介類	7	
20	ID_DA04	冷凍食品			(空白)		
21	ID_DA07	青果物			総計	676	
22	ID_DA08	青果物					

タイプごとの個数を表したピボットテーブル

❶ 値がないセルを「青果物」で補完する

Excel で、値が入っているセルはそのままで、値が入っていないセルだけ「青果物」に変換します。IF 関数を使うことでこの処理は行えます。IF 関数は条件を満たすかどうかで処理を変える関数です。たとえば「条件：セル B2 が空白である、真の場合：セル C2 に青果物と入力、偽の場合：セル C2 にセル B2 の内容を入力」のような処理が行えます。

セル C2 に、「=IF（B2="",青果物",B2）」と入力して Enter キーを押します。これでセル C2 に、セル B2 が空白なら「青果物」、そうでなければ「その他」と入力されます。

➲ IF関数を入力する [図5-1-8]

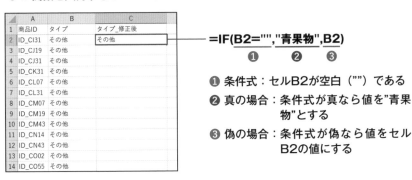

=IF(B2="","青果物",B2)
❶ ❷ ❸

❶ 条件式：セルB2が空白（""）である
❷ 真の場合：条件式が真なら値を"青果物"とする
❸ 偽の場合：条件式が偽なら値をセルB2の値にする

現在、セル B2 の値は「その他」なので、条件式を満たさない。そのためセル C2 にはセル B2 の値が入力される

セル C2 に入力した数式をセル C683 までコピーすれば、欠損値の補完は完了です。セル B27 などの欠損している部分（180 ページの[図5-1-3]参照）が「青果物」と補完されているか確かめておきましょう。

⊃ 最終行までデータを補完する [図5-1-9]

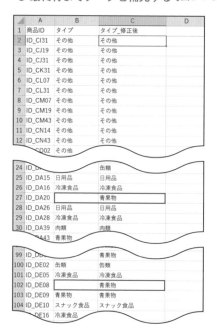

27行目や102行目などの欠損値が「青果物」として補完されたことを確認

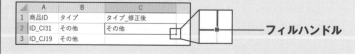

実践 連続変数の欠損値を補完しよう

「タイプ」と同じように練習用ファイル chap5.xlsx の 5-1-2 シートで「重量」の欠損値も補完しましょう。重量は連続変数なので、基本統計量とヒストグラムあたりは見ておきたいところです。5-1-2 シートにはすでに基本統計量とヒストグラムを表してあります（[図5-1-11]）。

➔ 基本統計量とヒストグラムをチェックする [図5-1-11]

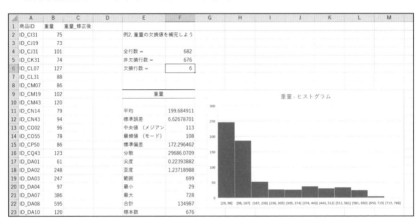

基本統計量を見ると、平均値が約 200、中央値が 113 と、かなり乖離しています。最大値が 728 である点や、ヒストグラムの右裾が長い（右にロングテール）になっていることから、比較的大きい数値がいくつか存在していることがわかります。欠損しているデータがどのくらいの重量かはわかりませんが、今回は多くの商品が分布している中央値付近の値が無難ではないかと想定して、中央値 113 で補完しましょう。[図5-1-7]の D の処理方法ですね。

❶ 値がないセルを「113」で補完する

Excel での操作は 185 ページの「青果物」と同様に IF 関数を用います。セル B2 が空白かどうかをチェックし、空白ならセル C2 の値を「113」とし、空白でなければセル B2 の値をセル C2 に入れる処理にします。[図5-1-12]のように、セル C2 に IF 関数を入力してください。

Chapter 5 データの前処理を理解する

⊃ IF関数で補完する [図5-1-12]

=IF(<u>B2=""</u>,<u>"113"</u>,<u>B2</u>)
    ❶   ❷   ❸

❶ 条件式：セルB2が空白（""）である
❷ 真の場合：条件式が真なら値を113
　　　　　　とする
❸ 偽の場合：条件式が偽なら値をセル
　　　　　　B2の値にする

　186ページの[図5-1-9]と同様に、セル C2 の数式をセル C683 までコピー
します。セル B56 などの欠損している部分が「113」と補完されているか確
かめておきましょう。

⊃ 補完されたことを確認する [図5-1-13]

	A	B	C	D
1	商品ID	重量	重量_修正後	
2	ID_CI31	75	75	
3	ID_CJ19	73	73	
4	ID_CJ31	101	101	
5	ID_CK31	74	74	
6	ID_CL07	127	127	
7	ID_CL31	88	88	
8	ID_CM07	86	86	
	CM19		102	
52	ID_	461		
53	ID_DB34	116	116	
54	ID_DB38	45	45	
55	ID_DB40	198	198	
56	ID_DB44		113	
57	ID_DB52	184	184	
58	ID_DB53	110	110	
	DB56		493	
116	ID_	90		
117	ID_DE56	538	538	
118	ID_DE57	568	568	
119	ID_DE58	101	101	
120	ID_DF05		113	
121	ID_DF09	728	728	
122	ID_DF16	82	82	
	DF20		312	

Section 02 表記ゆれの処理

表記ゆれとは？

　続いてはデータが「表記ゆれ」をしている場合の処理方法を解説します。表記ゆれは、ある状態についての書き方（表記）が2通り以上されている（ゆれている）ようなことを指します。具体的に見てみましょう。

　chap5.xlsx の chap5-2 シートを開いてください。商品 ID ごとの価格表示を記載してあり、価格表示ごとのピボットテーブルが作成してあります。ピボットテーブルを見ると、カテゴリは「定価、割引、通常価格、割引価格」と4種類ありますが、前者2カテゴリと比較して後者2カテゴリはデータ数（行数）が非常に少なくなっています。また内容的にも、「定価と通常価格」「割引と割引価格」は同じと考えられるので、表記ゆれの可能性が高いといえます。

➲ 価格表示列では2つの表記ゆれが確認できる [図5-2-1]

	A	B	C	D	E	F	G
1	商品ID	価格表示	価格表示_修正後				
2	ID_CI31	定価			例1. 価格表示の表記揺れを修正しよう		
3	ID_CJ19	定価					
4	ID_CJ31	割引価格			（修正前の価格表示のピボットテーブル）		
5	ID_CK31	定価			行ラベル	個数 / 価格表示	
6	ID_CL07	定価			定価	475	
7	ID_CL31	割引			割引	178	
8	ID_CM07	定価			通常価格	18	
9	ID_CM19	割引			割引価格	11	
10	ID_CM43	割引			(空白)		
11	ID_CN14	定価			総計	682	
12	ID_CN43	割引					

「定価」と「通常価格」が　　　「割引」と「割引価格」が
表記ゆれしている　　　　　　表記ゆれしている

実際は、このように目視でもわからない、あるいは確定的に判断できない表記ゆれを起こしているケースもあるので注意が必要です。欠損値のときと同様に、データの管理部門に問い合わせて、本当に表記ゆれなのかを確かめるようにしましょう。

実践 Excel で表記ゆれを処理しよう

　表記ゆれの処理は、基本的には「表記ゆれしている単語を統一する」しかありません。長い文章中で同一の物事に対してさまざまな表記が使われている場合は、表記ゆれを統一するのはなかなか難しい処理になります。しかし今回のような「あるカテゴリとあるカテゴリが表記ゆれしている」程度の処理であれば、Excel でも対応可能です。

　処理としては Section 01 と同様に IF 関数を用いて、「通常価格」であれば「価格」に、「割引価格」であれば「割引」に変換していきます。今回は条件が 2 通りとなるため関数をネストする必要があります。ネストとは入れ子状態のことで、関数の引数として関数を指定します。IF 関数であれば、「IF（条件 1, 真の場合 ,IF（条件 2, 真の場合 , 偽の場合））」のように、最初の条件の結果に応じてさらに別の条件を判断する形です。

⊃ IF関数で表記ゆれを統一する [図5-2-2]

=IF(B2="通常価格", "定価", IF(B2="割引価格", "割引",B2))
　　❶　　　　　❷　　❸　　　❹　　　　　❺　　❻

❶ 条件式：セルB2が「通常価格」である
❷ 真の場合：条件式が真なら値を「定価」とする
❸ 偽の場合：条件式が偽なら、IF(B2="割引価格", "割引",B2) の処理を行う
❹ 条件式：セルB2が「割引価格」である
❺ 真の場合：条件式が真なら値を「割引」とする
❻ 偽の場合：条件式が偽ならB2の値とする

[図5-2-2] は、セル C2 に「=IF(B2=" 通常価格 "," 定価 ",IF(B2=" 割引価格 "," 割引 ",B2))」と入力したものです。これは、まずセル B2 が「通常価格」であればセル C2 に「定価」と入力し、セル B2 が「割引価格」であればセル C2 に「割引」、そうでなければセル B2 の内容をそのまま入力するという処理になります。

セル C2 をセル C683 までコピーすれば、「通常価格」は「価格」、「割引価格」は「割引」に変換されます。

➲ 表記ゆれの処理結果を確認する [図5-2-3]

	A	B	C	D
1	商品ID	価格表示	価格表示_修正後	
2	ID_CI31	定価	定価	
3	ID_CJ19	定価	定価	
4	ID_CJ31	割引価格	割引	
5	ID_CK31	定価	定価	
6	ID_CL07	定価	定価	
7	ID_CL31	割引	割引	
8	ID_CM07	定価	定価	
9	ID_CM19	割引	割引	
10	ID_CM43	割引	割引	
11	ID_CN14	定価	定価	
12	ID_CN43	割引	割引	
13	ID_CO02	定価	定価	
14	ID_CO55	定価	定価	
15	ID_CP50	定価	定価	
16	ID_CQ43	定価	定価	
17	ID_DA01	通常価格	定価	
18	ID_DA02	定価	定価	
19	ID_DA03	通常価格	定価	
20	ID_DA04	定価	定価	
	DA07	定価		

もし直ったかどうか不安なら、C列「価格表示_修正後」に関してピボットテーブルを作成してみて「定価」と「割引」の2種類のカテゴリのみになっているか、確認しておきましょう。

Tips　その列に入力されている値を一覧する

セルを選択して、[Alt]＋[↓]（Mac の場合は [Option]＋[↓]）キーを押すと、その列に入力されている値が一覧で表示されます。どのような値が存在しているかを確認したい場合に使えるので覚えておいてもよいでしょう。

Chapter 5　データの前処理を理解する

03 「外れ値」や「異常値」の処理

「外れ値」や「異常値」とは？

さて、続いては「外れ値」や「異常値」と呼ばれるデータに関する処理を見ていきましょう。まず、これらの定義を確認します。

⮕ 外れ値と異常値の定義 [図5-3-1]

外れ値：手元にある観測データにおいて、そのほか多くの値から、大きく離れた値のこと

異常値：外れ値の中で、記入ミスや測定ミスといった外れ値となった原因がわかっているもの

したがって分析中に数字だけから外れ値が異常値かどうかは判断がつきません。判断の流れは、「①データから外れ値かどうかを検出し判断する」「②可能ならデータの管理者などと原因を探り、それらの外れ値が異常値かどうかを確認する」となります。なぜ外れ値が異常値かどうかまで判断すべきか。2つの例で説明します。

⮕ 外れ値と異常値の例 [図5-3-2]

A. 年収を500万と記載するつもりが、間違って5,000万と一桁多く入力してしまった

B. 温度が100度以上になった場合は、すべて999と測定されてしまう

　A は間違って一桁多く入力してしまったために、500万が5,000万と異常な大きい値になってしまったものです。また B に関しても、100度以上になった場合は（機械の対応可能温度を超えているなどという理由で）999と異常な値になってしまっているということになります。

　このように A や B は、5,000万や999となってしまった理由が記載ミス、測定ミスであることがわかっているため、異常値であるとみなせます。外れ値となった原因及びもともと正しかった値がわかれば、その外れ値に対して、おそらく正常であろう値に修正できます。逆に、仮に外れている原因がわからなければ修正しようがないので、基本的にそれらの外れ値は分析対象とするデータからは外すことになります。

　本書では、外れ値が異常値かどうかの判断はできないので、次節では外れ値のチェックを行う、という分析に留めておきましょう。

練習用ファイル：chap5.xlsx

実践 Excel で「外れ値」であることを確認しよう

　それでは、実際に Excel で外れ値を確認してみましょう。練習用ファイル chap5.xlsx の chap5-3 シートを開いてください。商品 ID ごとの仕入単価と商品単価の情報が記載してあり、そこには非常に大きな値や小さな値が含まれています。

　確認する前の注意点ですが、「外れ値」の明確かつ定量的な基準（確認方法）は実はありません。基本的には「そのほかから大きく離れた値」が外れ値となるのですが、どこまでを大きく離れた値とするのかに関して明確な基準はないためです。そのため分析者が妥当性のありそうな基準を、そのデータの性質を見ながら判断し決めていくしかありません。

　さて、それでは Excel で確認していきますが、外れ値の定義を「大きく離れた値」とするのであれば、基本的なチェックは以下の手順で行えます。

> 1. ヒストグラムや基本統計量から外れ値がありそうかを確認し、
> 2. 対象の列を降順または昇順でソートし、どこに外れ値があるかを明確にする

❶ ヒストグラムから外れ値を確認する

chap5-3 シートにある仕入単価と商品単価のヒストグラムを見てみると、少し様子がおかしいことがわかります（[図5-3-4]）。両方と、横軸が伸びていますが、正に大きな部分にはヒストグラムの見た目上データが分布していないようです。しかし可視化を行ってそのような結果が出ている以上、少ない数ですが、どちらも正に大きく離れた値がありそうなことがわかります。

➲ 仕入単価と商品単価のヒストグラム [図5-3-4]

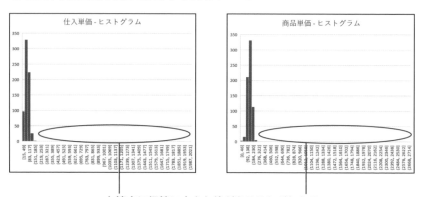

右端点に極端に大きな値があることがわかる

❷ 基本統計量から外れ値を確認する

また、仕入単価と商品単価両方の基本統計量も見てみましょう（[図5-3-5]）。特に最小値と最大値に注目してください。仕入単価は、最大値が2000、商品単価は、最小値が0で、最大値が2680となっています。このデータは「単価（円）」なので、どの程度高い単価であれば外れているかの線引きは難しいケースといえます。しかしヒストグラムを見ると、単価はどちらも0～200円あたりに分布しているので、両者の最大値については離れているので

はないか、と推察されます。

　また外れ値とはいえないかもしれませんが、商品単価が0円というのは基本的にはあり得ません。商品単価が0円であるものは、異常な値であると目星がつけられそうです。

⊃ 仕入単価と商品単価の基本統計量 [図5-3-5]

仕入単価	
平均	80.2434018
標準誤差	3.26519828
中央値（メジアン）	76.5
最頻値（モード）	82
標準偏差	85.2710767
分散	7271.15653
尖度	397.650795
歪度	18.6439387
範囲	1985
最小	15
最大	**2000**
合計	54726
標本数	682

商品単価	
平均	158.274194
標準誤差	4.40272985
中央値（メジアン）	152
最頻値（モード）	130
標準偏差	114.977861
分散	13219.9086
尖度	368.944905
歪度	17.9627826
範囲	2680
最小	**0**
最大	**2680**
合計	107943
標本数	682

**仕入単価の最大値は
外れ値？**

**商品単価の最小値と
最大値は外れ値？**

　今回のデータの話からは逸れますが、ほかにも「（正の値しか取らない）アンケートのデータでマイナスの値が入っている」「1から5の商品レビューのデータで10といった値が入っている」といった場合は、データの定義に即して考えると基本的には取り得ないデータであるはずなので、異常値である可能性を疑いましょう。

Chapter 5　データの前処理を理解する

ヒストグラムと基本統計量によって、[図5-3-6]のような目星がつきました。

➲ ヒストグラムと基本統計量からわかったこと [図5-3-6]

・仕入単価も商品単価も、どちらも 0 〜 200 円あたりの分布を超える、正に大きく離れた外れ値が存在していそう
・商品単価に関しては、0 円という通常あり得ない外れ値が存在していそう

あとは直接データを見て、外れ値を特定していきましょう。A列からC列にはフィルターが設定されているので、仕入単価の列と商品単価の列を昇順や降順で並べ替えてみましょう。すると次のことがわかります。

➲ データを並べ替えて外れ値を特定 [図5-3-7]

仕入単価を降順で並べ替え

	A	B	C	D
1	商品ID	仕入単価	商品単価	
2	ID_CM19	2000	2680	
3	ID_CJ19	1000	1520	
4	ID_DO11	159	221	
5	ID_RN47	154	190	
6	ID_DK51	151	234	
7	ID_DL39	150	210	

仕入単価には「正に離れた外れ値」が2つある

仕入単価を昇順で並べ替え

	A	B	C	D
1	商品ID	仕入単価	商品単価	
2	ID_DW09	15	130	
3	ID_DC53	15	128	
4	ID_RH39	15	116	
5	ID_DE52	15	109	
6	ID_DC14	15	102	
7	ID_DY35	15	86	

商品単価を降順で並べ替え

	A	B	C	D
1	商品ID	仕入単価	商品単価	
2	ID_CM19	2000	2680	
3	ID_CJ19	1000	1520	
4	ID_DR25	102	245	
5	ID_DK51	151	234	
6	ID_DY45	94	234	
7	ID_DQ11	82	231	

商品単価には「正に離れた外れ値」が2つ、「0 という外れ値」が3つある

商品単価を昇順で並べ替え

	A	B	C	D
1	商品ID	仕入単価	商品単価	
2	ID_DK20	54	0	
3	ID_DS59	59	0	
4	ID_DN39	81	0	
5	ID_RI39	30	59	
6	ID_DU09	15	61	
7	ID_DG44	60	72	

　外れ値以外の値を見てみましょう。仕入単価と商品単価ともに、1000円以上の単価の次に大きな値は159円、221円と、明らかに1000円以上の単価が離れています。また、商品単価は0円より次に大きい値は59円、かつ0円の商品の仕入単価は81円、59円、54円と、仕入単価のほうが高いという、通常はあり得ない状況になっています。このことから、今回は[図5-3-7]で赤く囲んで示した値が外れ値と判断できるでしょう。

商品単価が0円というのは基本的にはありえなく、誰かの記載ミスで間違った値が入力されてしまったか、あるいは特売といったセールなどでタダでお客さんにお渡しした、といった原因の可能性が考えられますが、原因の特定を今回はできないので、異常値ではなく外れ値とみなしておきましょう。第6章で解説する回帰分析では、このような外れ値と判定したものは除外して、分析を行うことになります。

Tips 外れ値の基準は分析内容によって異なる

　行う分析によっても外れ値の基準は変わります。たとえば次章で扱う回帰分析においては、外れ値は単に大きく離れた値という基準だけではない場合もあります。その際は、回帰分析における外れ値の測定方法を規定し、その基準で測定した際に外れているとされた値をいくつか外して回帰分析を行う、といった処理します。技術的にも少々難しいので詳細は割愛しますが、回帰分析の場合は、「単純に多くのデータから離れているか？」というこれまで確認してきた外れ値の計測方法のほかにも「回帰分析により直線の式をどれだけずらしてしまうか？」というデータが直線に対して持つレバレッジのような軸も加えて、外れ値の度合いを測定することが多いです。ただこのような方法はExcelできる範囲を超えてしまっているので、本書では取り扱いません。そのようなこともあるんだ、ということだけ頭にいれておけば大丈夫です。

04 ダミー変数を使った カテゴリカル変数の処理

文字列を数値に変形する

第5章の終わりに、カテゴリカル変数の前処理の仕方を解説します。これは次章で扱う回帰分析などのモデルを構築する際に必要になるものです。ここまでに紹介してきたものに比べ難解であるため、処理をする背景から簡単に説明していきます。

おさらいですが、カテゴリカル変数は、性別や都道府県（今回のデータであれば「タイプ」「価格表示」）といった、値がカテゴリな変数のことです。要するに、**カテゴリカル変数は「数値」ではなく「文字列」なのです**[注1]。文字列の場合、ピボットテーブルを使った行数の集計などであれば問題なくできるのですが、回帰分析においては、文字列は原則として扱えません。

なぜかというと、（回帰分析自体の内容は次章で詳しく紹介するので、ここでは必要最低限の情報に留めておきますが）線形回帰分析は[図5-4-1]のように「何かしらの情報（変数）で、何かしら情報（変数）を説明するための直線式を求める」行為になります。その直線の式を見定めることで、両者にどのような関係が成り立つのかを解釈するものです。たとえば今回のデータに当てはめて、商品IDごとの占有率で売上個数を説明するような「売上個数 ＝ a ＋ b × 占有率」という式を求める手法です（aやbといった部分は次章で説明します）。

ということは、回帰分析では、インプットとなるデータは「数値」である必要があるのです。このデータに対して、「青果物、スナック食品、肉類……」といったカテゴリがデータとして入るのはイメージが湧きませんよね。

したがって、そのような**カテゴリを値として持つカテゴリカル変数は、そのままでは回帰分析のようなモデルにインプットできません**。そこで一度数値に変形してからインプットします。その変形の方法の中でも代表的な「ダミー変数」という方法を紹介します。

(注1) 実際には、カテゴリカル変数ではあるが数値でデータが格納されているようなケース（男性が1，女性が0など）も存在するが、そのようなケースも文字列を数値で代替しているだけなので、本質的には「文字列」であると考えてよいです。

⇒ 回帰分析のインプットデータは「数値」である必要がある [図5-4-1]

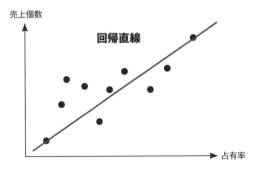

数値でないと回帰直線は求められない

ダミー変数とは？

　ダミー変数とはどのような変換方法なのかというと、**「カテゴリカル変数内の各カテゴリを対象として、『それぞれのカテゴリに該当する行かどうか』を0か1で表す方法」**です。

　たとえば「東西南北」を示す「方角」という列があったとすると、それら4つのカテゴリを対象として、「北かどうか」「東かどうか」「南かどうか」「西かどうか」という4つのダミー変数を作成します。そして各行に関して、持っている値が当てはまるダミー変数には1、それ以外の変数には0という値を格納します。当然ながら、各値はどこかのカテゴリにしか該当しないので、行ごとのダミー変数の値を足すと必ず1になります（[図5-4-2]）。

➲ カテゴリカル変数をダミー変数にする [図5-4-2]

元の変数　　　　　　　　　ダミー変数

方角		北か どうか	東か どうか	南か どうか	西か どうか
北	変換 →	1	0	0	0
南		0	0	1	0
西		0	0	0	1
西		0	0	0	1
東		0	1	0	0
北		1	0	0	0

ダミー変数はどこかのカテゴリにしか該当しないので、横で足すと必ず1になる

　このようにダミー変数にすることで、もともと「東西南北」の文字列だっ
た変数が0か1の数値になり、回帰分析などにも使用できるようになります。
　しかし、ダミー変数には1つ注意点があります。それは、「1列だけ削除
する必要がある」ということです。どういうことかというと、仮に「北かど
うか」「東かどうか」「南かどうか」がすべて0だったとしましょう。そうす
ると、必然的に「西かどうか」は1であることがわかります。つまり、カテ
ゴリがN個あったとすると、実際はN－1列のダミー変数があれば情報と
しては十分なのです。したがって、ダミー変数にした場合は、基本的にどれ
か1つの列を削除するようにしましょう（どの列を削除対象としてもかまい
ません）。よく基準となるようなカテゴリ（たとえば「大中小」というカテ
ゴリがあれば「小」）を削除対象とすることが多いですが、その理由は次章
で回帰分析を扱ったときに説明します。

なぜ1列削除するのか

　ダミー変数を1列削除するのは、削除しないと回帰分析にとってやっかい
な「多重共線性」という現象が起きてしまうためという背景があります。し
かし一方で、多重共線性が起こっても問題ない機械学習アルゴリズムのよう
なケースもあります。今回は「ダミー変数にした場合は基本的に1列削除し
ておけば万事問題ない」と捉えておけば大丈夫です。

➲ 1列削除する [図5-4-3]

北か どうか	東か どうか	南か どうか	西か どうか
1	0	0	0
0	0	1	0
0	0	0	1
0	0	0	1
0	1	0	0
1	0	0	0

→

北か どうか	東か どうか	南か どうか	
1	0	0	削除
0	0	1	
0	0	0	
0	0	0	
0	1	0	
1	0	0	

N－1の情報があれば十分なため、ダミー変数にした際に1列削除するのが基本

　なお、カテゴリカル変数を数値化する方法は、ダミー変数化以外にもいくつかあります。ダミー変数のデメリットとして、ユニークなカテゴリの数があまりに多いと、列数が爆発的に増えてしまうということがあります。そのような場合、その後の計算処理時間が増えるといった負の側面が出てきます。そのような場合はダミー変数でなく、たとえば「東・西・南・北・南……」といったデータがあれば、それぞれのカテゴリを単純に「1・2・3・4・3…」と数値化すると、変換後が1列で済んでしまいます（このようなラベリング方法を「ラベルエンコーディング」と呼びます。ほかにもさまざまな方法があるので、興味のある方は調べてみるとよいでしょう）。

練習用ファイル：chap5.xlsx

実践 Excelでダミー変数を作成しよう

　それでは練習用ファイルchap5.xlsxのchap5-4シートを開いてください。タイプと価格表示それぞれに関して、ダミー変数を作成してみます。このシート上にはすでにタイプと価格表示それぞれでカテゴリごとの行数を調べるためのピボットテーブルが作成してあります。タイプならば11種類、価格表示ならば2種類（表記ゆれは統一済み）のカテゴリとなっているので、それぞれ10列、1列のダミー変数を作成していきましょう。今回は、タイプでは主力商品である「青果物」、価格表示では通常表示である「定価」をダミー変数の削除対象列とします。

➔ ダミー変数にするカテゴリカル変数を確認 [図5-4-4]

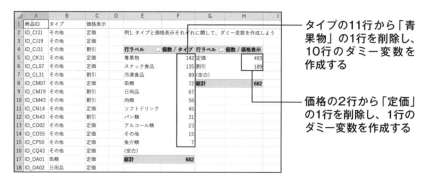

タイプの11行から「青果物」の1行を削除し、10行のダミー変数を作成する

価格の2行から「定価」の1行を削除し、1行のダミー変数を作成する

● ダミー変数の列を作成する

　Excelでダミー変数を作成するのはそこまで難しくありません。まずは「タイプ_スナック食品」「タイプ_冷凍食品」といったダミー変数の列を作成しておきます❶。

➔ ダミー変数の列を作成 [図5-4-5]

❶ ダミー変数の列を作成

● IF 関数を入力する

　そしてそれぞれの列に関して、それぞれの行で対象とするカテゴリと比較して、同じなら1、そうでないなら0としていきます。たとえば「タイプ_スナック食品」の列であれば、B列のタイプがセルE6の「スナック食品」と同じであれば1、そうでなければ0にします。この作業はIF関数で「IF（$B2=$E$6,1,0)」と数式を入力することで行えます。ここではセルE6を絶対参照にして、セルK2の数式を下方向にコピーしたときに常にセルE6を参照するようにしてあります。入力したら、セルK2を下方向にコピーしておきましょう。

➲ IF関数を入力 [図5-4-6]

=IF($B2=$E$6,1,0)
❶ ❷❸

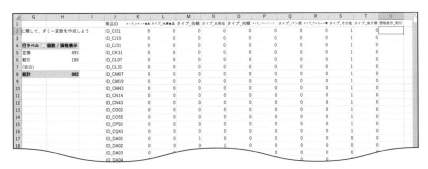

❶ **条件式**：セルB2がセルE6と同じ値である
❷ **真の場合**：条件式が真なら値を「1」とする
❸ **偽の場合**：条件式が真なら値を「0」とする

● すべてのタイプのダミー変数を作成する

「タイプ_スナック食品」だけでなく、冷凍食品、缶類、日用品……とすべての列に関して同様の操作を行いましょう。セル K2 に入力した数式をコピーして、IF 関数の最初の引数の = に続く部分を、冷凍食品なら「$E$7」、缶詰なら「$E$8」のように、下にずらしていきます。

➲ すべてのダミー変数を作成 [図5-4-7]

203

● 価格のダミー変数を作成する

　価格表示に関しては、比較するピボットテーブルが異なります。割引のダミー変数は、C列の価格表示をセルG6の「割引」と比較して、同じであれば1、そうでなければ0が表示されるようにします（[図5-4-8]）。ここもセルG6を絶対参照にして、セルU2の数式を下方向にコピーしたときに常にセルG6を参照するようにしてあります。

⮕ 割引のダミー変数を作成 [図5-4-8]

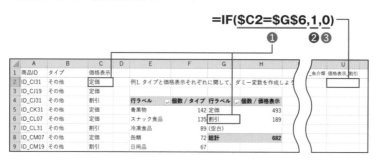

$$=IF(\$C2=\$G\$6,1,0)$$
❶ ❷❸

❶ 条件式：セルC2がセルG6と同じ値である
❷ 真の場合：条件式が真なら値を「1」とする
❸ 偽の場合：条件式が真なら値を「0」とする

　すべて完成したら、各行に関して、「タイプ」「価格表示」それぞれのダミー変数ごとに、横で足すと1になる（どこかの列にしか1がない）ことを確かめておきましょう。

> これで回帰分析を学習していく準備ができました。なお、本章で取り扱った前処理を済ませたデータセットを練習用ファイルchap5.xlsxのdataset_加工後シートにまとめておきました（外れ値は赤文字としております）ので、念のため確認しておいてください。

Chapter 6

線形回帰モデルを活用して
売上アップを図る

01 売上の要因を導く 回帰分析

統計学、そしてExcelデータ分析の基礎を学ぶ旅もあと一息です。ここまで、基本統計量・可視化・仮説検定・データ前処理、と学んできましたが、これらの知識を総動員して、線形回帰分析を学んでいきましょう。

「線形回帰分析」ですか？

線形回帰分析も基本的な統計手法ですが、実務でもよく使うのでしっかり学んでおきましょう。

また難しい名前ですね。どんな場面で活用するんですか？

売上に寄与した要因が何かを調べたいときなどに使える手法です。まずは具体的な利用シーンから説明していきましょう。ちなみに回帰分析は、ここまでに学んできた仮説検定の知識が活かせるので、比較的すんなり理解できるはずですよ。

回帰分析の目的を知ろう

　まず［図6-1-1］を見てください。この図は、売上個数を説明しうる要因として、占有率、重量、商品単価、アルコール類かどうか、といった変数を羅列したものです。**回帰分析では、興味のある 1 つの変数を「被説明変数」とおきます。** なお被説明変数は「目的変数」と呼ばれることもあります。そしてその被説明変数を説明するような（要因となりそうな）1つもしくは複数の変数を「説明変数」といいます。この説明変数も同じ意味を持つ単語として「特徴量」といった言い方があります。こちらもまったく同じ意味と考えて大丈夫です。そして、「どの説明変数が被説明変数を説明できるのか？」「それぞれの説明変数と被説明変数にどのような定量的な関係があるのか？」を明らかにしたいときに使われる手法が回帰分析です。

➲ 回帰分析を行う目的 ［図6-1-1］

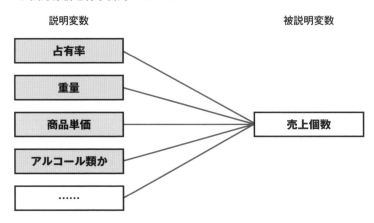

どの（複数の）説明変数が被説明変数を説明できるのか？ それぞれの説明変数と被説明変数に、どのような関係があるのか？ を分析する

ビジネスでは、KPI（あるいは KPI に紐づくような重要な指標）などの重要な変数に対して、**「ビジネス上のどの変数がどう効いているのか？」、あるいは「効いていない変数はどれか？」といったことを知りたいときに使います**。

　回帰分析にもいくつかの種類がありますが、今回は Excel でできる「線形回帰分析」を取り上げます。実務で回帰分析を行う場合は、もちろん発展的な回帰分析をする場合もありますが、それらの回帰分析を理解するためには、今回紹介する線形回帰分析をベースに発展しているものが多く、また実務レベルでも使えることも多いので、線形回帰分析をしっかりと理解していきましょう。

　[図6-1-1] を見ると、被説明変数は 1 つで、説明変数は複数あります。しかし、まずは概念を理解するために、「説明変数の個数：被説明変数の個数」が 1 対 1 の「単回帰分析」と呼ばれるモデルを例に説明します。その中で、回帰係数、係数の有意性、決定係数といった重要な概念を、今回のデータに適用しながら実践的に理解していきましょう。

　そのあとで、複数の説明変数を用いた「重回帰分析」を学びます。そして重回帰分析を取り入れていく中で、外れ値や多重共線性といった気をつけなければならない点を踏まえて、実務でどのように分析すればよいかを説明していきます。

Tips　ほかにもある回帰分析

　回帰分析には用途ごとにさまざまなものがあります。特に「ロジスティック回帰分析」は線形回帰分析と並んでよく使われるモデルです。ほかにも「ポアソン回帰」や「ガンマ回帰」といった手法があります。これらの手法は、簡単にいえば線形回帰分析のように、説明変数と被説明変数の関係を直線（線形）で示すのではなく、非線形で示すようなモデルとなっています。しかしこれらの手法は Excel でできる範囲を超えてしまうので、興味のある方は R や Python といったデータ分析で使用されるプログラミング言語と一緒に学ぶことをおすすめします。

02 線形回帰分析による モデル構築

まずは単回帰分析の概念を理解しよう

　ここでは説明変数が1つの場合である「単回帰分析」を取り上げながら、線形回帰分析を順に説明していきます。

　端的にいうと、**線形回帰分析とは「説明変数と被説明変数の関係性を最もよく表している直線式を求めること」**です。よくある話ですが、たとえば広告の投下金額と売上個数の関係性を見たいとします。広告投下金額を増やすほど売上個数は基本的には増えるはずですから、［図6-2-1］のようなデータになりそうです。そして線形回帰分析によって直線式を求めるとすると、［図6-2-2］のように表せます。

⊃ 広告投下金額と売上個数の関係 ［図6-2-1］

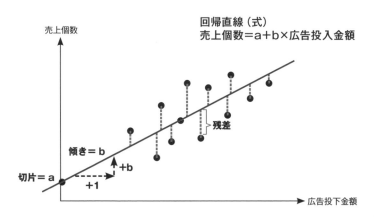

残差の二乗の合計が最小になるように「切片」（y 軸（売上個数）と直線が交わる点の値）と「傾き」を求めることを線形回帰分析という

売上個数 ＝ 切片 a ＋ 傾き b × 広告投下金額

　非常に重要なポイントは、この a と b はどのような値でも取りえるということです。言い方を変えると、a と b が決まらないと直線式も定まりません。線形回帰分析では、「すべてのデータ点に関するデータと直線上の点の距離である『残差』の二乗の合計が最小になるように、『切片 a』と『傾き b』を求める」こととしています。残差が小さくなるほど、データと直線上の点が近づくので、直線がよりデータの実態を表しそうですよね。ちなみになぜ二乗かというと、単純に残差の合計を取ってしまうと、データによっては残差が正の場合だったり負の場合だったりします。これでは残差が相殺されてしまうので、「残差の二乗」として、データ全体がどの程度直線から離れているかを表現しているわけです。

　そもそもなんで直線で表すかというと、人間にとってわかりやすいからです。線形回帰モデルは、データをわかりやすく直線で表現するための手法です。逆に、直線的にならないようなデータの場合はこのモデルは向いていません。

> **Tips　モデルはデータ分析の「型」のこと**
>
> 　ここまでに何度か登場したモデルは、「模型」といった意味合いです。データ分析では手元にさまざまなデータがありますが、すべてを理解するのは不可能なので、何かしら情報を集約してデータを理解しやすくする必要があります。そこでモデルという型に落とし込むのです。
>
> 　今回の線形回帰モデルの例でいえば、さまざまな値を取るデータ群を、直線というモデルにすることでデータの傾向などをつかむことができるというわけです。

回帰直線から何がわかるのか

　実務ではこの回帰式を解釈して何らかの結論を得る必要があります。［図6-2-1］を見ると、切片は「広告投下をまったくしない（広告投下金額 = 0）場合に予想される売上個数」ということになります[注1]。また傾きは「広告投下金額が 1 単位増えた際に、売上がどれだけ増加するか」を示しています。

⊃ 回帰式の捉え方 ［図6-2-3］

広告投下金額で売上個数を説明する回帰式

売上個数＝ 切片＋ 傾き× 広告投下金額

　　　被説明変数　　　　　回帰係数　　　説明変数

切片と回帰係数（傾き）の解釈

　　・切片……広告投下金額が0になったときの売上個数

　　・回帰係数（傾き）……広告投下金額が1単位増えると増加する売上個数

傾きのことを「回帰係数」といいます。実務では特に傾きに注目することが多くあります。説明変数をどう動かせば被説明変数がどう動くのか、ということを傾きをベースにして理解できますね。

Tips　解釈可能性が高い線形回帰分析

　線形回帰分析は被説明変数と説明変数の関係性が「直線」で表されます。そのため、説明変数を x 単位動かせば被説明変数がどのくらい変化するのかが非常に解釈しやすいのが特徴です。このことを「解釈可能性が高い」といいます。一方でディープラーニングなどの機械学習アルゴリズムは解釈可能性が低いモデルといわれています。解釈可能性が低いということは、裏を返すと（直線と比較して）非常に複雑なモデルであるため、より精度の高い分析ができるわけです。このように統計学的なアプローチに基づく線形回帰分析と、機械学習アルゴリズムで使いどころの違いがあるのです。

（注1）切片に関しては注意点があります。たとえば、「不動産価格 = 部屋の広さ× 100 + 50」というモデルができたからといって、部屋の広さ 0 の不動産価格は 50 にはなりません。このように説明変数がそもそも 0 を取らないものについては、当たり前ですが解釈できないので、注意しましょう。

線形回帰分析を行ううえで注意すべきこと

　統計学の大前提として、「手元のデータはあくまでサンプルで、その背後には母集団が存在しているであろう」という考えがありましたね。とすると、今回の線形回帰分析にもその考えが当てはまりそうです。つまり、あくまで手元のデータはサンプルなので、もう一度同じ母集団にて調査したら違うサンプルとなるため、そこから得られる回帰直線も当然変わってきてしまいます。

　たとえばですが、今のサンプルでは傾きが「+1」となっていたため、説明変数は被説明変数に対して「+1」のインパクトがありそうだと思ったとしても、もし母集団レベルでは傾き「=0」だったらどうでしょう？　傾きが0ということは、説明変数と被説明変数に関係がないということなので、そこには大きな違いがあります。

　したがって、**サンプルだけでなく、母集団レベルでもその説明変数は被説明変数に対して説明力がある（傾きは0ではない）かどうかを知っておきたい**ところですよね。そうでないと間違った意思決定をしてしまう可能性があります。

⟳ サンプルが変われば回帰直線も変わる [図6-2-4]

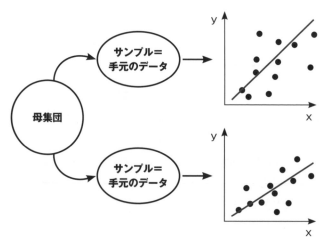

母集団レベルで説明変数は被説明変数への説明力があるのかないのか」を知りたい

説明力があるかどうか仮説検定でチェックする

　では、説明変数は被説明変数に対して説明力があるとどのようにして判断ができそうでしょうか。ここで、上述の「母集団レベルでもその説明変数は被説明変数に対して説明力がある（傾きは0ではない）かどうか」を見直しましょう。これは、いい変えると「母集団レベルでもその説明変数の傾き＝0かどうか」をチェックできればよいということになります。まさに第4章で扱った仮説検定が使えそうですね。つまり［図6-2-5］のように設定できます。

⊃ 帰無仮説と対立仮説を設定する ［図6-2-5］

・帰無仮説として、「その説明変数の傾き（回帰係数）＝0」
・対立仮説として、「その説明変数の傾き（回帰係数）≠0」

　こうすると、サンプルより得られる傾きの結果から、仮に帰無仮説を棄却できれば、「傾きが0ではない」といえます。であれば、対象とする説明変数が被説明変数に対して少しは影響を与えているといえるはずです。
　一方で、もし帰無仮説を棄却できなかったら、「傾きが0ではない」とはいえないので、説明変数が被説明変数に対して影響がないかもしれないということになります。すると、その説明変数を見る意味があまりなくなるので、被説明変数の要因としては外す候補となります。
　注意点として、今回は対立仮説が「説明変数の傾き≠0」となっています。つまり帰無仮説を棄却した場合、0「ではない」という対立仮説が採用されます。この場合は傾きは0ではないが、プラスにもマイナスでも成り立つので、必ずしもその説明変数が被説明変数に対して正の影響をもっている、というわけではありません。傾きがマイナスの場合は負の影響にもなる、というケースもありえることに注意しましょう。

➲ 仮説検定により傾きの統計的有意性を判断できる [図6-2-6]

帰無仮説	VS	対立仮説

その説明変数に説明力がない
回帰係数＝0

その説明変数に説明力がある
回帰係数 ≠ 0

帰無仮説を……

棄却できない	棄却できる

その回帰係数はもしかしたら0であり、説明変数は被説明変数を説明していないかもしれない

その説明変数は被説明変数に対して説明力がある

ある説明変数が被説明変数を説明できるかどうかを仮説検定（t検定）により判定できる

　傾きに関して仮説検定を行うという点を補足すると、あくまで手元のデータは母集団のデータの一部でしかないサンプルデータであるという前提を置いています。手元のデータは揺れ動くことを前提としているので、やはりそこから得られる傾きも揺れ動くと考えられます。つまり統計学の考えに基づけば、傾きは固定ではないということです。そこで、仮説検定で学んだときと同様に、傾きを確率変数とみなすことで、確率的に動く変数であるとすることができ、手元のデータから得られた傾きの値が「統計的有意に傾き＝0という帰無仮説を棄却できるほどの値となっているか」を検証するという流れとなります。また、そこまで意識しなくてよいですが、実はこの傾きは、平均値の検定のときと同様に、t分布に従っているという[注2]仮定を置けることが知られています。したがって、傾きに関して、同様にt検定を使った仮説検定を行えます。

（注2）正確には、傾きとその標準誤差（傾きの値自体の標準偏差）の比がt分布に従っています。しかし、ここでは「傾きに関して確率分布が存在している」と理解しておいても実務上は問題ありません。

⊃ 傾きbは固定ではなく確率変数である [図6-2-7]

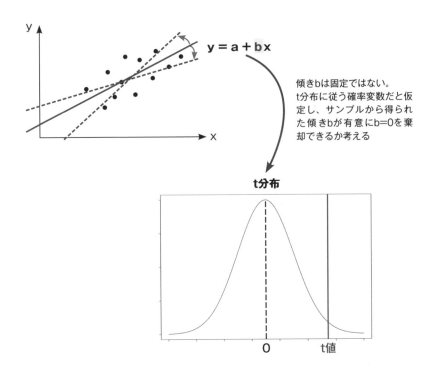

傾きbは固定ではない。
t分布に従う確率変数だと仮
定し、サンプルから得られ
た傾きbが有意にb=0を棄
却できるか考える

傾き b は固定した値ではなく、母集団レベルで考えると、t 分布に従う確率変数である

> さて、一度Excelで実際に単回帰分析を行ってみましょう。

Section 03 回帰分析を実行する

練習用ファイル：chap6.xlsx

実践 Excelで回帰分析を実行し、変数の回帰係数とp値を判断

　練習用ファイル chap6.xlsx の chap6-3 シートを開いてください。今回は「商品単価」と「売上個数」の関係を、単回帰分析によって紐解いていきましょう。

　商品単価と売上個数の関係を、第3章で学んだ散布図として可視化しています（[図6-3-1]）。これを見ると、両者には負の相関（右肩下がり）がありそうです。商品単価が高くなるほど、消費者は購買しにくくなって売上個数が下がるということを考えると、想定通りの結果となっているように見えます。また近似曲線も表示してあります。実はこれが回帰直線の式なのですが、データ分析ツールを使って、もう少し詳細に見ていきましょう。

⊃ 商品単価と売上個数の散布図 [図6-3-1]

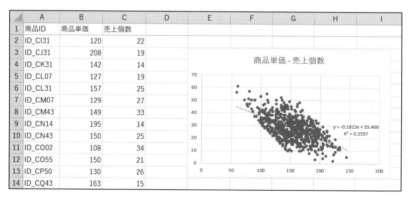

● 分析ツールで回帰分析を選択する

　116ページと同様に、[データ] タブの [データ分析] をクリックし、表示された [データ分析] ダイアログボックスで [回帰分析] を選択し❶、[OK] ボタンをクリックします❷。

➲ 回帰分析を選択 [図6-3-2]

● 入力Y範囲と入力X範囲を指定する

［入力 Y 範囲］は、売上個数のセル範囲であるセル C1 からセル C678 までを絶対参照で指定します❶。また、［入力 X 範囲］は商品単価のセル範囲を絶対参照で指定します。ここではセル B1 からセル B678 となります❷。範囲に見出し行を含んでいるので［ラベル］にチェックを入れます❸。

➲ 入力範囲を指定する [図6-3-3]

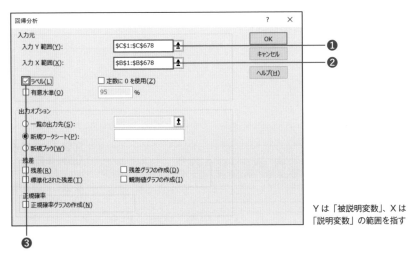

Y は「被説明変数」、X は「説明変数」の範囲を指す

● 出力先を指定する

　今回は同じシートのセル E16 に出力しましょう。［一覧の出力先］をクリックし**❶**、セル E16 を絶対参照で指定します**❷**。指定したら［OK］ボタンをクリックします**❸**。

⇒ 出力先を指定する ［図6-3-4］

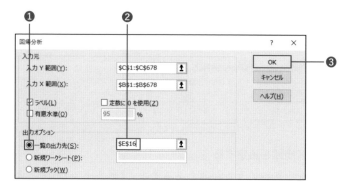

出力結果を確認する

　いろいろ出力されますが、ここで見ておくべきポイントは 3 つあります。まずはその中の 2 つ、「係数」と「P- 値」について見ていきましょう[注3]。

⇒ 回帰分析の出力結果 ［図6-3-5］

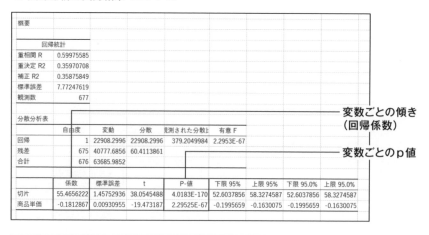

概要

回帰統計	
重相関 R	0.59975585
重決定 R2	0.35970708
補正 R2	0.35875849
標準誤差	7.77247619
観測数	677

分散分析表

	自由度	変動	分散	観測された分散比	有意 F
回帰	1	22908.2996	22908.2996	379.2049984	2.2953E-67
残差	675	40777.6856	60.4113861		
合計	676	63685.9852			

変数ごとの傾き（回帰係数）

変数ごとの p 値

	係数	標準誤差	t	P-値	下限 95%	上限 95%	下限 95.0%	上限 95.0%
切片	55.4656222	1.45752936	38.0545488	4.0183E-170	52.6037856	58.3274587	52.6037856	58.3274587
商品単価	-0.1812867	0.00930955	-19.473187	2.29525E-67	-0.1995659	-0.1630075	-0.1995659	-0.1630075

(注 3) 出力結果の数値の表記については、226 ページを参照してください。

これらは文字通り、「変数ごとの傾き」（回帰係数）と「変数ごとのp値」を示しています。今は単回帰分析なので、「切片」と「商品単価」という2つの変数に対して［図6-3-6］の値であることがわかります。切片を変数というのは少し違和感があるかもしれませんが、ここは同時に扱ってしまいましょう。適切に捉えるためには、切片は「すべての行で値が1の変数」と思えばよいでしょう。

⊃ 切片と商品単価の値 ［図6-3-6］

・切片：傾きが 55.47、p 値が 4.0183E-170
・商品単価：傾きが－0.18、p 値が 2.29525E-67

出力結果を読み解く

さて、皆さんは出力結果を解釈できたでしょうか？ ここまでに学んできた知識を駆使して考えてみましょう。特に商品単価に注目してください。**p 値が有意水準（今回も 5% とします）を大きく下回っているので、帰無仮説である「傾き =0」を棄却して、「傾き ≠ 0」という対立仮説を採用できます。**したがって、商品単価は売上個数に少しは影響を与えていることがわかります。そして回帰式に当てはめると ［図6-3-7］ のようになります。

⊃ 今回のケースの回帰式 ［図6-3-7］

売上個数 ＝ 55.47 － 0.18 × 商品単価

切片の捉え方は少々難しいですが、切片は基本的に予測値を出すもので、単独では解釈する必要はありません。一方で傾きに関しては、**商品単価が 1 円ずつ上がるにつれて、売上個数は 0.18 個下がっていく傾向が全体的にある**、と解釈できます[注4]。

ちなみにこの数式に実際の値を当てはめて計算してもよいですが、いま上

Chapter 6

線形回帰モデルを活用して売上アップを図る

（注4）おそらく実際は、単価が上がるほど売上個数の減少率は加速する（あまりに高い単価で売ると全然売れなくなる）可能性があるため、線形ではないモデリングが正しいかもしれませんが、少々難しくなってしまうので今回は線形性を仮定した形であることをご容赦ください。

記の結果を出したデータ群で行う必要性はそこまでないかもしれません。あるとすると、たとえば新しいデータとして、XX円の商品単価の商品を売り出したい！と考えたときに、「でもその商品ってだいたいどのくらい売れるのだろう？」という問いがある場合が考えられます。ある程度の目安がほしければ、上記の式にXX円を当てはめることで、おおよその売上個数を算出して参考値として使用することができる、という使い方は大いにあるかと思います。

決定係数を確認して、モデルの当てはまりのよさを判断する

ここまでで、単回帰分析における「傾き」（回帰係数）と「p値」（変数の有意性）を確認しました。次にもう1つ押さえておきたいポイントを紹介します。それは「決定係数」という概念です（R^2、R-スクエアともいいます）。218ページの[図6-3-5]の左上にある「重決定R2」が決定係数です[注5]。今回の単回帰分析では「約0.36」となっていますが、これは何を表しているのでしょうか。

決定係数は「回帰分析でできた直線が、データをどれだけ説明できているか（どれだけ当てはめられているか）」を示す指標です。「どれだけ説明できているか」ということは、何かしらの基準（初期値）に対して、回帰分析を行うことで、データへの当てはまりのよさの度合いがどれだけ上がったか？を示す必要があります。

その「基準」（初期値）と「指標」について[図6-3-8]で説明しましょう。左側のグラフを見てください。決定係数では、仮に説明変数が与えられていない場合、「被説明変数（Y）の平均値」（[図6-3-8]における横線）を基準とします。そしてすべてのデータに関するYの「平均値」とデータ点の「残差の二乗の合計」の2つを、基準となる指標と定義します。そのうえで、回帰分析によって回帰直線が引けたならば、その回帰直線とデータ点の「残差の二乗の合計」はどれだけ減少しているかを計測しているのが決定係数です。したがって、Yの平均値と比べて回帰直線のほうが、残差の二乗の合計は基本的に減少してるはずです。つまりデータ点と直線が近くなっている、ということです。

(注5) 実務で「重決定R2」という単語が使われることはまずなく、通常は「決定係数」を使います。

◯ 決定係数は被説明変数（Y）の平均値を基準としている［図6-3-8］

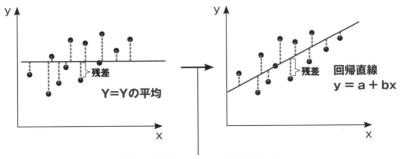

横線しか引けなかった基準となる
場合と比べて、残差の二乗の合計
は減っているはず

「Y の平均」のみで構成されたモデルを考えた際の、残差の二乗の合計を基準に考える

決定係数を計算する

　この「Y の平均値」と「回帰直線」を比較することにより、決定係数が計算できます（［図6-3-9］）。具体的には、まず「Y の平均値」における残差の二乗の合計を 100 とします。そして、回帰分析によって得られた「回帰直線」における残差の二乗の合計と、「Y の平均値」の 100 を比較します。たとえば「平均値」が 100 に対して「回帰直線」が 30 だったとすると、回帰分析によって説明できた部分は 70 といえます。この 70 が決定係数です。

　つまり決定係数とは「基準となる Y の平均値しか引けなかったときの残差の二乗の合計に比べて、回帰直線の残差の二乗の合計がどれだけ減少しているか」を示すことにより、回帰分析によってどれだけ回帰直線をデータに当てはめられるようになったのかを、0%から 100%までの絶対的な指標で表しているのです。

　それぞれの説明変数の傾きと p 値は、被説明変数に対する説明変数の影響度合いを説明できます。そしてこの決定係数を用いることで、「そもそもこの回帰直線がデータに対してどのくらい当てはまっているのか」を説明できます。したがって、傾きと p 値に加えて、決定係数も見ることで、回帰分析自体を総合的に評価することが必要です。

Chapter 6

線形回帰モデルを活用して売上アップを図る

221

● 決定係数の定義式 [図6-3-9]

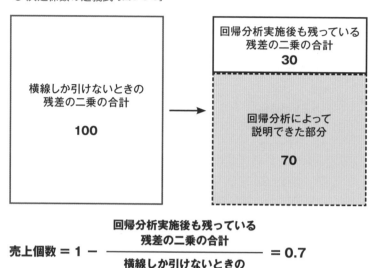

$$\text{売上個数} = 1 - \frac{\text{回帰分析実施後も残っている残差の二乗の合計}}{\text{横線しか引けないときの残差の二乗の合計}} = 0.7$$

また、この決定係数も第3章で学んだ相関係数と同様に、「必ずこの基準値を超えればよい」というものはありません。基本的には分析の目的に依存し、高い精度が必要であれば高い決定係数が求められます。逆に多少低い決定係数であっても、精度よりは解釈性が求められる（その分析によりデータからできるだけ示唆を得たい）場合であれば問題ないでしょう。またもし過去から継続的に行っている分析やプロジェクトがあるのであれば、そのような過去の分析結果と比べて相対的に判断する視点も必要です。

ただ、一般的な決定係数の目安もあります。それは**「だいたい 0.5 ～ 0.6 を超えてくると、精度としては悪くない」**というものです。参考程度に意識しておくとよいでしょう。

今回の結果は、単回帰分析で決定係数が約 0.36 となっており、上記の目安に比べると低い決定係数になっています。しかし1つの変数で被説明変数を 36% も説明できていると考えると、十分だといえるでしょう。もちろん今回は演習用のデータなので、実際に商品単価が売上個数の 36% を説明しているとは思わないようにご注意ください。

Section 04 よりよいモデルを作る。回帰診断によるモデル改善

重回帰分析により「複数の変数 対 1変数」の関係性を理解

前節では、「1つの説明変数 対 被説明変数」という単回帰分析を紹介しましたが、実際に単回帰分析を行うケースは多くありません。なぜなら、ある被説明変数を説明するような事象（変数）が1つということはまずないからです。基本的には、取得できるデータの中から無数にある要因を探すという行為なので、できるだけ多くの説明変数を組み込みたいはずです。

説明変数が2つ以上あるものを「重回帰分析」といいます。しかし基本的な考え方に違いはなく、単純に説明変数の数が増えているだけ、と捉えてください。また重回帰分析となると、「複数の説明変数 vs 1つの被説明変数」という構図になるので、単回帰分析のように散布図で可視化できません。そのため重回帰分析の結果をしっかりと読み解いていく必要があります。

➲ 単回帰分析と重回帰分析 [図6-4-1]

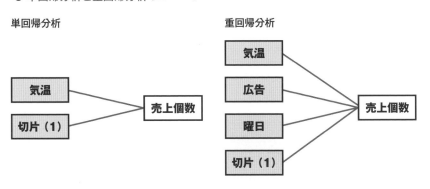

説明変数が複数の場合を重回帰分析といい、単回帰分析と重回帰分析の考え方に違いはない

実践 重回帰分析を行う

　実際に Excel でやってみましょう。分析方法は単回帰分析と同じです。練習用ファイル chap6.xlsx の chap6-4 シートを開きます。ここには商品単価に加えて、重量、占有率、タイプのダミー変数、そして価格表示のダミー変数が入力されています。これらのダミー変数を説明変数として、売上個数を説明する重回帰分析を行ってみましょう。

➲ chap6-4シートに入力されたダミー変数 [図6-4-2]

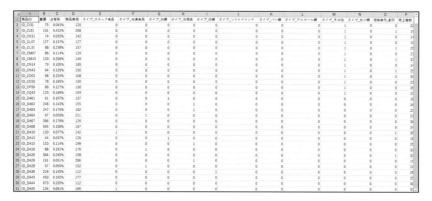

● 分析ツールで回帰分析を選択する

　216 ページと同様に、[データ] タブの [データ分析] をクリックし、表示された [データ分析] ダイアログボックスで [回帰分析] を選択し❶、[OK] ボタンをクリックします❷。

➲ 回帰分析を選択 [図6-4-3]

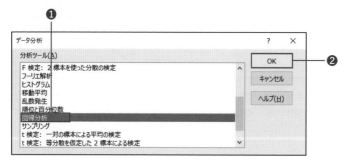

● 入力Y範囲と入力X範囲を指定する

　P列の［売上個数］を被説明変数、B列の［重量］からO列の［価格表示］までを説明変数とします。そのため［入力Y範囲］は、売上個数のセル範囲であるセルP1からセルP678までを絶対参照で指定します❶。また、［入力X範囲］は重量から価格表示まですべてのセル範囲であるセルB1からセルO678までを絶対参照で指定します❷。範囲に見出し行を含んでいるので［ラベル］にチェックを入れます❸。

　なお、ここで［商品ID］まで加えないように注意しましょう。値に意味がなく、かつ各データでユニーク（一意）なIDは説明変数に加える意味がないためです。

⮡ 入力範囲を指定する［図6-4-4］

● 出力先を指定する

今回は同じシートのセル R3 に出力しましょう。［一覧の出力先］をクリックし❶、セル R3 を絶対参照で指定します❷。指定したら［OK］ボタンをクリックします❸。

➲ 出力先を指定する［図6-4-5］

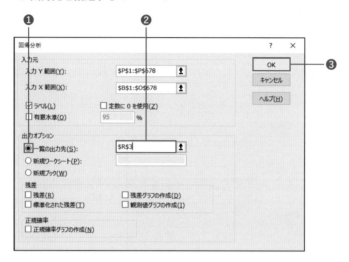

重回帰分析の結果を読み解く

重回帰分析の結果が適切に表示されたでしょうか？ 単回帰分析と比べて変数が多いので、見るべき部分が増えました。しかし変数が増えただけで見るべきポイントは単回帰分析と同じで、係数（傾き）、P- 値、重決定 R-2（決定係数）の 3 つです。

［図6-4-6］はわかりやすいように有意水準（5%）を下回っている有意な変数を赤文字にしてあります。これらは有意に被説明変数（売上個数）を説明していると捉えてよいでしょう。さらに傾きを見てみましょう。

なお、数値の読み方ですが、たとえば「タイプ_ソフトドリンク」の p 値は「0.01385」ですが、これは「1.385%」となります。また「占有率」の p 値は「6.11274E-39」となっています。この E-39 は「10 の -39 乗」を表しているため、6.11274E-39 は「0.000...000611」（小数点以下の 0 の桁は 38 個）

を表しています。したがって、占有率の p 値は 6.112×10^{-39} = 0.000...006112（小数点以下の 0 の桁が 38 個）という非常に小さい数値である、と読みとれます。

⬤ 重回帰分析の結果 [図6-4-6]

概要							
回帰統計							
重相関 R	0.7554633						
重決定 R2	0.5707248						→ 決定係数は57%
補正 R2	0.5616465						
標準誤差	6.4262976						
観測数	677						

分散分析表					
	自由度	変動	分散	観測された分散比	有意 F
回帰	14	36347.172	2596.2266	62.86673763	1.86E-111
残差	662	27338.813	41.297301		
合計	676	63685.985			

	係数	標準誤差	t	P-値	下限 95%	上限 95%	下限 95.0%	上限 95.0%
切片	45.358502	2.6522199	17.102099	1.40497E-54	40.150725	50.566279	40.150725	50.566279
重量	-0.003859	0.0040359	-0.956174	0.339333389	-0.0117837	0.0040657	-0.0117837	0.0040657
占有率	4453.7365	319.36759	13.945487	6.11274E-39	3826.641	5080.832	3826.641	5080.832
商品単価	-0.1492164	0.0082096	-18.1759	3.42667E-60	-0.1653364	-0.1330965	-0.1653364	-0.1330965
タイプ_スナック食品	2.4250614	1.7334728	1.3989613	0.162292925	-0.978706	5.8288288	-0.978706	5.8288288
タイプ_冷凍食品	-3.0570733	1.7811773	-1.7163218	0.086570982	-6.554511	0.4403643	-6.554511	0.4403643
タイプ_缶類	-2.8552713	1.9951412	-1.4311124	0.15286988	-6.7728386	1.0622959	-6.7728386	1.0622959
タイプ_日用品	-2.0278581	1.518407	-1.3355168	0.182166257	-5.0093321	0.953616	-5.0093321	0.953616
タイプ_肉類	-1.8016393	1.2666154	-1.4224044	0.155379889	-4.2887069	0.6854283	-4.2887069	0.6854283
タイプ_ソフトドリンク	-4.6800842	1.8965681	-2.4676595	0.013851791	-8.4040979	-0.9560705	-8.4040979	-0.9560705
タイプ_パン類	-2.869099	2.0302335	-1.4131867	0.158070833	-6.855572	1.1173739	-6.855572	1.1173739
タイプ_アルコール類	5.4744276	2.2722562	2.4092475	0.01625744	1.01273	9.9361252	1.01273	9.9361252
タイプ_その他	-8.0077661	2.4408123	-3.2807792	0.001089521	-12.800433	-3.2150996	-12.800433	-3.2150996
タイプ_魚介類	-4.9198724	2.9372033	-1.6750194	0.094402695	-10.687229	0.8474846	-10.687229	0.8474846
価格表示_割引	1.6520218	0.5590936	2.9548216	0.003239611	0.5542114	2.7498322	0.5542114	2.7498322

赤文字の行（変数）は有意水準5%を下回っているので、有意な変数と判断できる。また、変数ごとの傾き（係数）を見ると、被説明変数への影響度合いを判断できる

❶ 占有率（傾き 4453.7）：

占有率が 1 単位増加すると、売上個数が 4453.7 増加する傾向にある。

ただし占有率は最大で 1（100%）なので、1 増加するということはその商品がすべての面積を占有しているというあり得ない状態となります。そのため単位の桁数を少しずらして、「占有率が 0.1% 増加すると売上個数が 4.4537 増加する」と解釈するとイメージがつきそうです。

❷ 商品単価（傾き −0.15）：

商品単価が 1 単位（円）増加すると、売上個数が 0.15 減少する傾向にある。

単回帰分析と傾きが少し変わっていることに注意しましょう。重回帰分析では、変数を加えているので、それらを同時的に分析した結果、傾きは変わっ

てしまいます。しかしそれ自体は問題ありません。単回帰分析の際は、商品単価のみを変数として使って、その際の傾きは約 -0.18 でした。一方で重回帰分析も少々異なるが傾きは -0.15 なので、今回の重回帰分析の結果は、単回帰分析と同様の解釈ができそうです。

残りは［タイプ_ソフトドリンク］［タイプ_アルコール類］［タイプ_その他］［価格表示_割引］ですが、これらはダミー変数です。ダミー変数の傾きを見るときの注意点を紹介しておきましょう。

ダミー変数の傾きを見るときの注意点

タイプ列はもともと主力商品である「青果物」以外のカテゴリをダミー変数にしました（198 ページ参照）。話をわかりやすくするために、タイプが「青果物」「ソフトドリンク」「その他」のみだったとしましょう。202 ページと同様に「青果物」を削除したとすると（この**削除したカテゴリを「基準カテゴリ」といいます**）、基準カテゴリである「青果物」の値を取る行は、タイプのダミー変数は（「ソフトドリンクかどうか」「その他かどうか」が）すべて 0 になるので、それはすなわち切片に該当します（［図6-4-7］の 1 行目を指します）。

そして「ソフトドリンク」の値を取る行は、「ソフトドリンクかどうか」というダミー変数だけが 1 になる（［図6-4-7］の 2 行目を指します）ので、その傾き分だけ売上個数が切片から増加することになります。したがって、それぞれのダミー変数の傾きというのは、基準カテゴリ（今回はタイプであれば［青果物］）に比べて、被説明変数（［売上個数］）の平均値がどの程度高くなるか低くなるか、を表していることとなります。

また別の列にある価格表示は、「定価」「割引」の 2 つなので、価格表示も同様に読み替えると、「割引かどうか」というダミー変数は、基準カテゴリである「定価かどうか」に比べてどう売上個数が高くなるか低くなるか、を示します。そのため価格表示のようにカテゴリが 2 つだとわかりやすい解釈ができるのです。

⊃ ダミー変数の傾きの解釈方法 [図6-4-7]

・回帰式

売上個数＝ 切片＋ 傾き① × （ソフトドリンクかどうか）＋ 傾き② × （その他かどうか）

	青果物	ソフトドリンク	その他	式を当てはめる
青果物の値を取る行	1	0	0	---▶ 売上個数＝ 切片
ソフトドリンクの値を取る行	0	1	0	---▶ 売上個数＝ 切片＋ 傾き①
その他の値を取る行	0	0	1	---▶ 売上個数＝ 切片＋ 　　　　傾き②

基準カテゴリ

それぞれのダミー変数の傾き（回帰係数）は、「基準カテゴリに比べて、売上個数の平均値がどのくらい高いか低いか」を示す

　したがって、今回有意になったダミー変数は、以下のように解釈できそうです。

❶ タイプ _ ソフトドリンク （傾き－4.68）：

　基準カテゴリである「青果物」に比べて、「ソフトドリンク」であると、売上個数が平均的に 4.68 低くなる傾向にある。

❷ タイプ _ アルコール類 （傾き 5.47）：

　基準カテゴリである「青果物」に比べて、「アルコール類」であると、売上個数が平均的に 5.47 高くなる傾向にある。

❸ タイプ _ その他 （傾き－8.01）：

　基準カテゴリである「青果物」に比べて、「その他」であると、売上個数が平均的に 8.01 低くなる傾向にある。

❹ 価格表示 _ 割引 （傾き 1.65）：

　基準カテゴリである「定価」に比べて、「割引」であると、売上個数が平均的に 1.65 高くなる傾向にある。

重回帰分析の結果を結論づける

　まとめると、タイプに関しては、アルコール類は主力商品である青果物よりも高い売上個数にできている一方で、ソフトドリンクやその他は青果物よりも低くなってしまっています。したがって、たとえばですが、飲料としてのソフトドリンクをアルコール類により置き換え、またその他カテゴリの商品は少なくしていく、などの打ち手が考えられますね。

　また価格表示に関しては、定価よりも割引のほうが平均的に 1.65 個高く売り上げられますが、当然割り引けば価格が下がってしまうので、うまく単価を調整しながら割り引く際の、参考的な情報として傾きを使用するのがよいかもしれません。

　決定係数も見ておきましょう。決定係数は約 0.57 となっているので、商品単価の単回帰分析の決定係数 0.36 と比べると、0.21 ほど説明力が上がっていますね。説明変数を加えたので当然決定係数は上がりますが、商品単価以外の説明変数に関して、商品単価に加える形で 0.21 ほどの説明力があるといえそうですね。

　重回帰分析はここまでです。このあとは、回帰分析の精度をどうやって高めていけばいいか教えます。

Tips　説明変数の入れすぎに注意

　もし実務で重回帰分析を行う際は、説明変数の入れすぎに注意しましょう。説明変数を入れれば入れるほど、モデルの当てはまりのよさを示す決定係数は高くなりますが、モデルの説明が困難になります。また後述する多重共線性といったような問題点も生じやすくなります。したがって、加えた説明変数の中で、その変数を入れることでそこまで決定係数が大幅に増加しない説明変数や、そもそも統計的有意に 0 でないと棄却できなかった説明変数は、除外してできるだけシンプルなモデルにすることを心がけましょう。このように、ある事柄を説明するためには、必要以上に多くを仮定するべきでなく、シンプルなほうがよいという思想は「オッカムの剃刀」とも呼ばれています。

Section

05 回帰分析の精度に影響する「外れ値」と「多重共線性」

「外れ値」を考慮したモデリング

　ここからは、回帰分析の精度をより高くする手法を紹介します。その中でもよく意識するポイントである「外れ値」と「多重共線性」について見ていきましょう。

　まずは外れ値についてです。前章で、回帰分析のようなモデリングの際には、外れ値は除外するのが基本的だと述べました。ではなぜ除外するべきなのでしょうか。今回は、もし外れ値を入れたままだとどのような現象が起こるのか確認して、除外すべき理由を理解しましょう。

　chap6.xlsx の chap6-5-1 シートを開いてください。2つのデータセットが用意してありますが、前者は商品単価に外れ値（商品 ID：ID_CM19、ID_CJ19、ID_DK20、ID_DN39、ID_DS59）が含まれており、後者はその外れ値を除外したものです。

➲ 商品単価に含まれる外れ値 [図6-5-1]

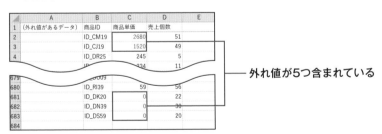

それぞれに関して単回帰分析の結果を示してありますが。注目ポイントである、（商品単価の）傾き、p 値、そして決定係数に大きな違いがありそうです。

❖ 外れ値の有無で回帰分析結果に大きな違いが出る [図6-5-2]

外れ値込みの回帰分析結果

概要

回帰統計	
重相関 R	0.04818502
重決定 R2	0.0023218
補正 R2	0.00085462
標準誤差	9.74894865
観測数	682

分散分析表

	自由度	変動	分散	測された分散	有意 F
回帰	1	150.403526	150.403526	1.58249539	0.20883341
残差	680	64628.5598	95.0419997		
合計	681	64778.9633			

	係数	標準誤差	t	P-値	下限 95%	上限
切片	28.3815252	0.63546669	44.6624911	2.12E-204	27.1338126	29.6
商品単価	-0.0040873	0.00324915	-1.2579727	0.20883341	-0.0104669	0.00

外れ値を除外した回帰分析結果

概要

回帰統計	
重相関 R	0.59975585
重決定 R2	0.35970708
補正 R2	0.35875849
標準誤差	7.77247619
観測数	677

分散分析表

	自由度	変動	分散	見測された分散比	有意 F
回帰	1	22908.2996	22908.2996	379.2049984	2.2953E-67
残差	675	40777.6856	60.4113861		
合計	676	63685.9852			

	係数	標準誤差	t	P-値	下限 95%	
切片	55.4656222	1.45752936	38.0545488	4.0183E-170	52.6037856	5
商品単価	-0.1812867	0.00930955	-19.473187	2.29525E-67	-0.1995659	-

外れ値が5つあるだけで、結果（傾き、p 値、決定係数）に大きな違いが出ている

なぜわずかな外れ値で違いが生じるのか

　特に外れ値込みの結果（[図6-5-2]の上側）を見ると、外れ値を除外した場合に比べて、傾きが 0 に近くなり、かつ p 値が 0.20（=20%）と有意水準を上回っています。そのため帰無仮説である傾き =0 を棄却できず、また決定係数も非常に低くなってしまっています。これは意図している、傾き =0 という帰無仮説を棄却したり、当てはまりのよさを表す決定係数も高くなる、という結果と異なってしまいます。

　外れ値は 5 つしかないのにも関わらず、なぜこのような違いが生じたのか、[図6-5-3] で説明します。回帰直線とは、その直線の周辺にいるデータにできるだけ当てはまるように推定されるはずです。しかし周辺にいるデータから離れた位置に値が存在しているせいで、本当は赤線のような回帰直線になるはずだったのに、青線のように推定されてしまうことがあります。これがまさに今回のケースで、外れ値のせいで、赤線が青線のように推定されてしまっているということです。

　そうすると、傾きが異なるだけでなく、データ自体が外れ値の影響を受けて p 値も大きくなってしまい、また回帰直線が真の回帰直線からよりずれてしまうので決定係数も下がってしまうのです。

⮕ 外れ値のせいで真の回帰直線から乖離してしまう [図6-5-3]

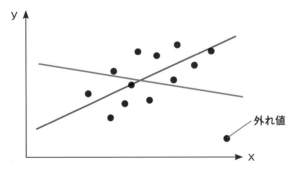

外れ値のせいで、本当は赤線なのに青線と推定されてしまう

Chapter 6

線形回帰モデルを活用して売上アップを図る

なお、データ全体から離れているからといって、常に回帰直線に大きな影響が出るわけではありません。[図6-5-4]のように、「説明変数の重心（真ん中あたり）に位置しているが、全体から外れている」ような値があったとしても、回帰直線にそこまで影響は出ない可能性もあります。

　したがって、回帰分析における外れ値というのは、単に全体から外れているというだけでなく、説明変数の重心からも離れているかどうか、という点で定義されるということです。

　しかしExcelでこの外れ値を判別するのは難しいかもしれません。したがって、そこまで行数が多くなければ、やはり前章で学んだように、値が全体と比べて非常に大きい、または小さいデータを除外しておくのが無難です。

⊃ データの重心に近い値はそこまで回帰直線に影響を与えない [図6-5-4]

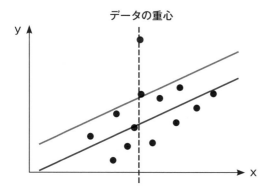

全体から離れているからといって、必ずしも回帰直線が大きくずれるわけではない。説明変数の重心に近いデータであれば問題ない

変数同士で相関がある場合の問題「多重共線性」を考慮

　回帰分析で注意したいのは外れ値のほかにもあります。それは「多重共線性」と呼ばれるものです。多重共線性とは、「回帰分析に含まれている変数の中で、変数同士で強い相関が起こっている際に、その変数それぞれの傾き（回帰係数）が不安定に計算されてしまう」現象のことです。実際のデータで確認してみましょう。

実践 多重共線性を確認する

　練習用ファイル chap6.xlsx の chap6-5-2 シートを開いてください。仕入単価、商品単価、売上個数のデータを記載しています。ここでまず仕入単価と商品単価の相関を調べると、相関係数は 0.66 ほどとなっており、散布図を見ても正の相関がしっかり見てとれます。ビジネス的にも、仕入単価と商品単価は強く相関していて然るべきですね。

➲ 仕入単価と商品単価の相関関係 [図6-5-5]

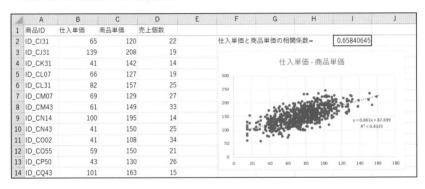

　それでは、[図6-5-6] に挙げた 3 つの回帰分析の結果を比較しましょう。

➲ 3つの回帰分析 [図6-5-6]

　1. 仕入単価で売上個数を説明する単回帰分析

　2. 商品単価で売上個数を説明する単回帰分析

　3. 仕入単価と商品単価で売上個数を説明する重回帰分析

　chap6-5-2 シートのセル F15 からセル N33、セル F37 からセル N55、セル F59 からセル N78 に[図6-5-6]の 3 つがそれぞれ表示してあります。

これをまとめたものが ［図6-5-7］です。1と2の回帰分析の場合、仕入単価と商品単価のどちらも売上個数に対して負の傾きを持っており、かつ p 値を見ても統計的有意な結果であることがわかります。単価を上げるほど売上個数が下がってしまうという現象を捉えられているように思えます。

しかし、3の重回帰分析の結果を見ると、商品単価は同様の傾き、かつ p 値を見ても統計的有意な結果になっています。しかし仕入単価を見ると、傾きがほぼ0で、p 値を見ると非常に高い数値になっており、統計的有意でない結果となっています。これは、仕入単価と商品単価の相関が高いために多重共線性を起こしている結果ではないかと読み解けます。

⊃ 仕入単価と商品単価が多重共線性を起こしている ［図6-5-7］

1. 売上個数＝ 39.6 － 0.16 × 仕入単価

	係数	標準誤差	t	P-値
切片	39.5782209	1.11771547	35.4099248	4.7988E-156
仕入単価	-0.1562419	0.0139758	-11.179458	9.71878E-27

2. 売上個数＝ 55.5 － 0.18 × 商品単価

	係数	標準誤差	t	P-値
切片	55.4656222	1.45752936	38.0545488	4.0183E-170
商品単価	-0.1812867	0.00930955	-19.473187	2.29525E-67

3. 売上個数＝ 55.5 － 0.00 × 仕入単価－ 0.18 × 商品単価

	係数	標準誤差	t	P-値
切片	55.4653518	1.45870567	38.023676	7.3664E-170
仕入単価	-0.0002619	0.01618733	-0.0161774	0.987097655
商品単価	-0.1811549	0.012378	-14.635229	2.54811E-42

仕入単価も商品単価も、それぞれで単回帰分析を行えば売上個数に対して負の相関が有意に見られる。しかし重回帰分析を行うと、仕入単価の傾きがほぼ0かつ有意でない結果となってしまっている

多重共線性はなぜ起こるのか

　それでは、なぜこのような現象を起こしてしまうのでしょうか。そのイメージを［図6-5-8］に示しています。この②のように、強い相関のある2つの変数があったとすると、どちらの説明変数の傾きに、どれだけ割り振ればよいかが定まらなくなってしまうので、傾きの推定結果の信頼性が下がってしまうのです。イメージとしては、片方の傾きが異常に大きく、または小さくなってしまっていたとしても、もう片方の説明変数は相関が強く「傾きの肩代わり」ができてしまいます。そのため他方の説明変数の傾きでもとに戻すようにカバーしようとするのです。

　余談ですが、ここまで1変数 対 1変数の相関によって多重共線性が引き起こされると説明してきましたが、実は1変数 対 複数変数の相関によって多重共線性が引き起こされるようなケースもあります。この事象は通常のExcel で扱えるの範囲を超えているため、本書では扱いませんが、そのようなことも起こり得る、くらいの意識をしておきましょう。

↪ 多重共線性が起こってしまうメカニズム［図6-5-8］

① 売上個数＝ 傾き1 × 仕入単価 ＋ 傾き2 × 商品単価 ＋ 切片

　という回帰分析をする際に、以下のような関係があるとする

② 商品単価＝ 1.0 × 仕入単価

　①の式に、②を代入すると、

売上個数＝ 傾き1 × 仕入単価 ＋ 傾き2 ×（ 1.0 × 仕入単価）＋ 切片

　　　　＝（傾き1 ＋ 1.0 × 傾き2）× 仕入単価 ＋ 切片

> もし真の回帰直線が「売上個数＝3×仕入単価＋切片」だとしても、
> 商品単価を入れてしまうと、
> 「傾き1＝3、傾き2＝0」でも「傾き1＝100、傾き2＝-97」
> でも正しい答えになってしまい、一意に定まらない

傾向が似ている説明変数があると、どちらに回帰係数をどのくらい割り振ればよいかがわからなくなってしまう

実際は、[図6-5-8]の②のように、2つの変数が完全に相関（相関係数=1.0）しているというケースは稀です。しかしそれに準ずるような強い相関の場合でも、同様の結果を得られてしまいます。

せっかく回帰分析の結果を解釈して意思決定をサポートしたいのに、不安定だと使えないですね……。

そうですね。最悪の場合間違った意思決定を促してしまうので、多重共線性はできるだけ解消したいところです。そのためにはシンプルですが、「片方の変数は除外する」のが一番手っ取り早い方法です。

えっと、2つの変数に強い相関があるなら、片方の傾向がわかればもう片方も同じような傾向だから、片方の変数は除外するということですね。

あるいは、変数同士を足した合成変数にする方法もあります。たとえば「1階の面積」と「2階の面積」を足して「合計面積」としてしまい、変数そのものを新たに定義してしまうのです。

Tips あらかじめ下準備をしてから回帰分析をする

　実際のデータ分析では、何もしなくても多重共線性がわかるということはありません。そのためあらかじめ説明変数同士の相関はある程度チェックしておき、確実に相関していそう、かつビジネス的にもそう捉えられる変数は除いてから回帰分析を行います。それでも回帰分析の結果、うまく傾きを解釈できない場合は、多重共線性を起こしている可能性があります。

Chapter 7

最適化で
ベストな商品単価を導く

01 どの変数を動かして何を 最大化したいかを定量化する

ここまで学んできた基本統計量、可視化、仮説検定、回帰分析をしっかり使えれば、ライバルよりも頭一つ抜きん出たデータ分析をExcel レベルでも遂行できそうです！

 統計を学ぶ前は営業のことで悩んでいたのに、ライバルを抜くことまで視野に入ったのならここまでがんばって教えてきた甲斐がありました。さて、最後に、使いこなしが難しい「最適化」を学びましょう。

最適化って何ですか？

 たとえば利益を最大化したいときに、商品の単価をいくらにすればよいか、といったことを導きたいときに使う手法です。

それがわかったら無敵じゃないですか！

 本格的に最適化を学ぼうと思うと、本書ではとてもカバーしきれない量になってしまいます。ここでは「最適化の概念・考え方を理解して、実務での適用シーンをイメージする」ことをゴールに最適化を学びましょう。

⊃ 技術難易度のレベル感と本章との関係 [図7-1-1]

データ活用の5段階	集計・可視化	統計学	機械学習（≒AI）	
5. 最適解を知る		第7章	数理最適化	高
4. 将来を予測する		時系列分析	予測モデル	
3. 因果関係を定量的に把握する		推計統計		難易度
2. 事象の関係を定量的に把握する	データ可視化	記述統計	クラスタリング	
1. 過去や現状を定量的に把握する				低

※上のプロットはイメージです。実際は多種多様な手法や分野に分かれています

最適化の意味を正しく理解する

　まずは「最適化」が何を指しているのかを知りましょう。学問的には「数理最適化」といわれることもあります。この「最適化」という言葉はよく耳にする言葉ではありますが、その定義が不明確なまま使われていることが少なくないようです。

　たとえば、「広告を最適化する」「人員配置を最適化する」などという使われ方がされていても、そこまで気に留めることはないでしょう。しかし数学的には「（数理）最適化」という学問には、ある程度決まった考え方があります。

　数理最適化を一言で表すと、**「ある対象となる変数をいろいろと動かしていく中で、変数によって動く決められた数式（目的関数）を最大化（あるいは最小化）していく行い」**です。そのイメージを［図7-1-2］を使いながらもう少し詳しく説明します。

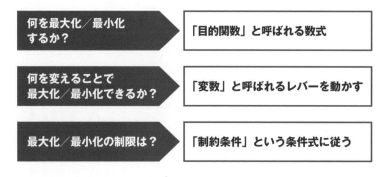

⊃ 数理最適化の定義のイメージ [図7-1-2]

何を最大化／最小化 するか？	「目的関数」と呼ばれる数式
何を変えることで 最大化／最小化できるか？	「変数」と呼ばれるレバーを動かす
最大化／最小化の制限は？	「制約条件」という条件式に従う

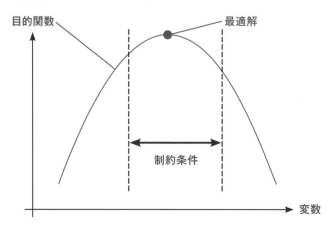

数理最適化とは、「制約条件下で目的関数が最大化または最小化する変数の値（最適解）を探す」問題を指す

　　まず**最適化の際に絶対に決めなければならないものは、「変数」と「目的関数」**です。変数は「最適化によって何の最適解を知りたいのか？」の「何」に当たる部分です。たとえば広告の最適化といっても、「媒体別の広告の出稿金額を知りたいのか？」「ユーザーごとに表示する広告の順番を知りたいのか？」などいろいろある中で、どの値を最適なものにしたいか、具体的に数値で決めておく必要があります。

　　変数だけ決めたとしても、何を基準に一番よい値とするかが決まらないと始まりません。これが「目的関数」で、先に決めた変数の値によって動かさ

れる数式となります。[図7-1-2]では、グラフの横軸が変数、グラフの縦軸が目的関数となります。そして最適化とは、「目的関数が最大化もしくは最小化するような変数の値はどれか？」を探し当てるゲームです。そのような変数の値はよく「最適解」などと呼ばれます。つまり最適化によって最適解を探し当てるということです。当然、目的「関数」なので、目的関数も変数と同様にすべて数式で表現されていなければいけません。

　さらに、もう1つ考えないといけない点があります。それは**「制約条件」**です。変数がどんな値でも取れればよいのですが、多くの場合は「この範囲の中で考えてください」といった制約条件が課されます。そしてこの制約も数式で表現されている必要があり、これを「制約式」と呼ぶこともあります。つまり、最適化の定義をこれまでの用語を使って表すと、「制約条件を満たすような範囲で、目的関数が最大化／最小化されるような変数の最適解を探す」と言い換えられます。

現実世界の課題を数式に落とし込む

　つまり、「現実世界の解決したい問題や事象を、何とかして数式のみで表されるモデルの世界に持ち込む。そしてその数式によって定義された最適化問題を解いて得られた最適解を、現実世界の意思決定に応用する」という営みであるともいえます。数式で定義された最適化問題を解くことで、正確な最適解を導くことができ、最終的にその解で現実世界の意思決定をサポートできるということです。

「現実世界で解決したい問題や事象を、いかにして数式だけのモデルの世界に落とし込めるか」ができないと最適化は解けなくなってしまいます。そのモデルの世界に落とし込む際に、最適化の場合は「変数、目的関数、制約条件」という構造で考えればよいのです。

⊃ 現実の世界と数式（モデル）の世界 [図7-1-3]

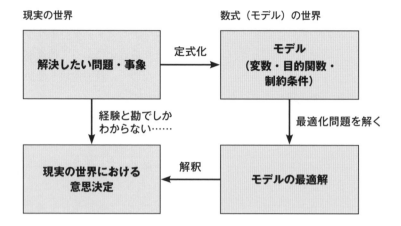

現実の世界　　　　　　　　　　　　　　数式（モデル）の世界

それでは実際にデータを使って、どのように解決したい問題を最適化としてのモデルに落とし込むのか、実践的に理解を深めていきましょう。

Tips　ナップサック問題

　数理最適化において非常に有名な例として「ナップサック問題」というものがあるので、簡単に紹介します。これはその名の通り、「ナップサックにどのようなものを詰め込めばよいか？」を解く問題となります。ナップサックは当然入る容量に制限があり、その容量に収まる形でものを入れていきます。その際にものそれぞれにも容量が存在し、またどのようなものを入れればよいかを判断するために、ものそれぞれに（ナップサックに入れる）価値を定義します。これにより、以下のような数理最適化の形に落とし込むことができるので、後はこの最適化問題を数式的に解けばよいということです。

⊃ ゴールを定式化する [図7-1-4]

・目的関数：ナップサックに入れたものの価値の総和

・変数：ものそれぞれをナップサックに入れるかどうか（0/1）

・制約条件：ナップサックに入れるものの総容量 < ナップサックの容量」

Section 02 「ソルバー」で商品単価を最適化

現実世界の問題をモデルの世界に落とし込む

　それでは、実際に最適化の問題を解いていきましょう。現実世界は最適化したい問題だらけですが、今回は手元にあるデータから「135ある青果物に関して、総利益が最大化するように商品単価を最適化したい」[注1] という問題に取り組みます。まずは、この問いをもう少しモデルの世界に近づけていき、数式で表せる状態にしていきましょう。徐々に理解を深めるため、まずは制約条件がないパターンを考えます。

　上記の問いを簡単に数式の世界に変換しているイメージを [図7-2-1] に図示しています。この図は、ゴールである総利益金額（「期待利益」としましょう）を最大化するということを定式化したものです。

⤷ ゴールを定式化する [図7-2-1]

目的関数 = 商品ごとの期待利益の合計
**　　　　 = 商品ごとの（売上金額 − コスト）の合計**
**　　　　 = 商品ごとの（売上個数 ×（商品単価 − 仕入単価））の合計**

　総利益を上げるためには当然いろいろな打ち手がありますが、今回は商品単価を動かすことで、総利益を最大化してみましょう。なお、仕入単価を考えるとややこしくなるため、ここでは仕入先との交渉が難しいということで、仕入単価はすべての商品に関して動かせないということにしておきます。

　さて、続いて「変数」の定義を確認しておきましょう。

Chapter 7
最適化でベストな商品単価を導く

(注1) Excelの制約上、全商品数を計算できないので、今回はタイプが「青果物」である商品に限定しています。

➲ 変数の定義 [図7-2-2]

> 変数：商品ごとの「商品単価」

　つまり、今回の最適化では、（青果物商品は135商品存在するため）計135個の変数をグリグリと動かして、期待利益を最大化することになります[注2]。しかしここで少々変な点に気づきます。目的関数の式だけ素直に読んでしまうと、変数（レバー）である「商品単価」は、上げられるだけ上げてしまえばよいのではないでしょうか？ そうすれば売上金額がどんどん上がり、利益も上がるはずです。

　しかし本当にそうでしょうか？ これまで学んだことを思い返してみてください。前章で単回帰分析を学びましたが、その際に、商品単価と売上個数は負の相関の関係にありましたね。ということは、むやみに商品単価を上げてしまえば、売上個数が下がってしまい、結果的に利益も減少してしまう可能性があるのです。

➲ 現実世界の問いを数式（モデル）に変換する [図7-2-3]

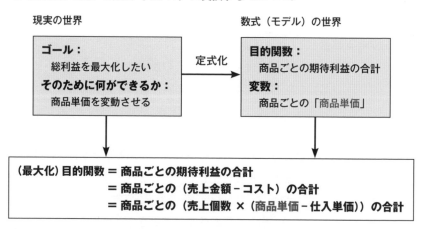

式だけ見れば、商品単価をどんどん上げていけばよいように思うが、そんなことをしたら売上個数が減ってしまう

（注2）商品単価が変数なのであれば、当然「商品単価は0より大きい」という制約を置くべきです。しかし今回は制約条件がないシンプルな場合を考えたいので、制約条件としては入れないで考えてみましょう。なお、そのような『0よく大きくないといけない』という制約は、ソルバーでは自動的に設定されるため、今回の最適化の結果は変わりません。

単回帰分析で商品単価と売上個数の関係式を求める

そこで、最適化の定式をもう少し深堀りしていきましょう。まず、「商品単価を上げれば売上個数が下がるはず」ということであれば、商品単価と売上個数に何かしらの関係式を当てはめればよさそうです。ここは、前章で学んだ単回帰分析が活かせそうです。［図7-2-4］の散布図を見ても、商品単価と売上個数にはある程度の負の相関がありそうなので、回帰分析によって、商品単価と売上個数の関係式を求めます（［図7-2-5］）。

⊃ **青果物の商品単価と売上個数の散布図** [図7-2-4]

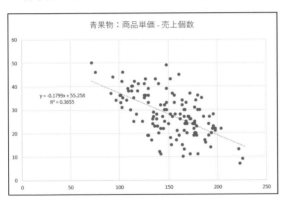

⊃ **売上個数と商品単価の単回帰分析の結果** [図7-2-5]

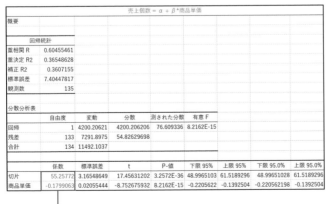

売上個数 ＝ 55.26 － 0.18 × 商品単価

結果から、商品単価と売上個数の関係式は「売上個数 ＝ 55.26 − 0.18 × 商品単価」と導けます。今回はこの関係式を使っていきましょう[注3]。

関係式を更新する

この回帰分析の結果を用いて、最適化の式を更新してみましょう。目的関数は「商品ごとの期待利益の合計」で、変数は各商品 i（青果物タイプの場合は商品1～商品135）ごとの商品単価です。

そこで、「商品ごとの期待利益の合計」を、商品 i の商品単価の式で表せるようにしてみましょう。

期待収益の式は、上記の商品単価と売上個数の回帰式を使うと、簡略化のために切片 55.26 を a、傾き −0.18 を b とすると、次のように表せます。

⊃ 回帰分析の結果から期待収益の式を更新する [図7-2-6]

> 期待収益 ＝ 売上個数 ×（商品単価 − 仕入単価）
> 目的関数 ＝（a ＋ b × 商品単価）×（商品単価 − 仕入単価）
> 　　　　 ＝ b × 商品単価^2 ＋（a − b × 仕入単価）× 商品単価 − a
> 　　　　　 × 仕入単価

この最後の式を見ると、a と b と仕入単価は一定の数値（「定数」と呼びます）なので、可変なのは「商品単価」だけということがわかります。これで期待収益を、商品単価だけを変数として持つ式で表せました。したがって、商品 i ごとに、商品単価を動かして、期待収益を最大化させられれば、その合計である目的関数の総利益も最大化できそうです。

◑ 回帰分析の結果を用いて最適化の式を更新 [図7-2-7]

最大化の定式化

> **（最大化）目的関数 ＝ 商品ごとの期待利益の合計**
> **＝ 各商品 i の期待利益の合計** ※商品 i は商品 1 −商品 135

※ 売上個数 **＝ 55.26 − 0.18 × 商品単価 ＝ ＞a + b × 商品単価**（とする）

商品 i の期待利益 ＝ 商品 i の 売上個数 **× （商品 i の商品単価−商品 i の仕入単価）**
＝(a + b × 商品 i の商品単価) ×
（商品 i の商品単価−商品 i の仕入単価）

> **＝b × 商品 i の商品単価^2＋(a − b × 商品 i の仕入単価) ×**
> **（商品 i の商品単価−a × 仕入単価）**

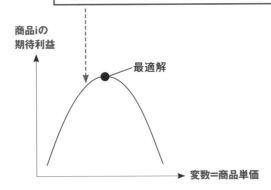

商品 i ごとの期待利益の式は、変数である商品単価の式で表せる。商品 i それぞれで期待利益が最大化されるような、最適な商品単価を求められれば、目的関数を最大化できる

[図7-2-7] の式を 246 ページの [図7-2-3] と比較してもらうとわかるように、もともと [図7-2-3] は「売上個数」の要素も入ってしまっていましたが、[図7-2-7] では、「売上個数」は入っておらず、「商品単価」という変数だけ（先ほど仮定をおいたように「仕入単価」は定数とおけます）で期待利益を説明できる式になっています。

したがって、「この商品単価をどのような値にすれば期待利益が最大になるか？」をこの [図7-2-7] の赤線で囲んだ一番下の式だけを見て考えることができるようになります。

実際に今回定義された期待利益の式は、[図7-2-7]の下図にあるような上に凸な関数（「二次関数」という名のつく関数です）になっており、どこかで山のてっぺんに位置する商品単価が存在するはずなのです。

[図7-2-3]と[図7-2-7]を比較すると、前者には「売上個数」の情報が入っていましたが、後者には入っていません。もともと売上個数は商品単価と負の相関があるために、売上個数の要素が入ってしまうとわかりにくく、すべて「商品単価」で表せないか？という問いだったので、[図7-2-7]の式で、それを実現しているということです。

これで最適化の数式（モデル）が完成したので、あとは実際に計算して最適化するだけです。といっても、実はこの最適化を行う計算自体が結構やっかいで、難しいモデルになるほど、全然計算が終わらないといった場合もあります。しかし今回は非常にシンプルなケースなので、計算が終わらない（「収束しない」ともいいます）ことはありません。そこで、商品135種類分すべての最適な商品単価を求めるために、実際にExcelで最適化ツールを動かしてみましょう。

Tips 微分で最適解が求められる

今回の数式（モデル）は、数学でいう「微分」という概念を使うと、解析的に（つまり微分や四則演算などを用いることで）最適解を求められてしまいます。本来は分析ツールにより最適化を行う場合は、そのような解析解を求められずに、数値解（手計算では解を出せないのでシミュレーションを走らせることで得られる近似的な解を指します）を求めるために使用されることが多いです。しかしそのようなケースは少々最適化のモデル化が難しく、また「微分」の概念を一から説明しないといけないため、今回はExcelを使って計算します。

実践 Excel の「ソルバー」を使用して最適化を解いてみよう

　それでは、先ほど定式化した最適化のモデルを、実際に Excel の「ソルバー」機能を使って解いてみましょう。これまでは［分析ツール］を使用してきましたが、最適化だけは分析ツールではなくソルバーを使います。まだ準備していない場合は、第 1 章の Section 05 を参考に、ソルバーを使えるようにしておきましょう。

● 最適化前の初期状態を確認する

　まず最適化前の状態を把握しておきましょう。練習用ファイル chap7.xlsx の chap7-2_ 初期状態シートでは A 列～ P 列が最適化する前の状態の部分です。ここにはタイプが青果物である 135 商品に関して、仕入単価、商品単価、売上個数などの情報を記載しています。

　そして、それらの情報をもとにセル H3 から I5 に総売上額と総仕入額（コストに該当）、総粗利益額（今回の目的関数に該当）があらかじめ計算してあります。特に最適化の際に重要なのが「最適化する前の初期値の状態（特に目的関数の値）を確認しておくこと」です。［図7-2-8］に記載のとおり、最適化前で 271,139 円の総利益となっていますね。したがって、最適化によってこれより大きい結果が得られないといけません。

➲ 最適化前の初期状態 [図7-2-8]

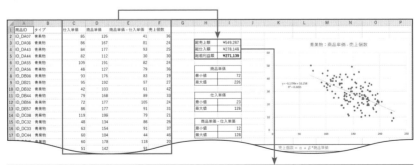

総売上額 ＝（商品単価 × 売上個数）の合計	＝ ¥549,287
総仕入額（コスト）＝（仕入単価 × 売上個数）の合計	＝ ¥278,148
総粗利益額 ＝ 総売上額 － 総仕入額	＝ ¥271,139（最適化前の状態）

● 最適化したデータの出力先を確認する

これらの初期状態をもとに最適化を行っていきましょう。chap7.xlsx の chap7-2_制約なしシートの L 列〜 S 列に、制約条件がない場合のデータが記載してあります。O 列の商品単価が空欄にしてあるので、ここに商品ごとの最適解が入ってくればよいこととなります。

また、セル S5 には目的関数である総粗利益額の値が格納されています。現状は商品単価が空欄なので、総売上額が 0 円となり、総粗利益額は「－総仕入額」(カッコで囲まれた数字は負の値を表す)となってしまっていますが、商品単価に最適解が入ったときに、ここの値が初期値と比べてどうなっているかを確認していきましょう。

⊃ 最適化前の変数と目的関数の位置 [図7-2-9]

ソルバーを用いた最適化により最適な商品単価が出力される変数の欄

最大化したい総利益額を示す、目的関数の欄。仕入単価、商品単価、売上個数のデータ（N列〜 P列）から計算される

● [ソルバーのパラメーター] ダイアログボックスを表示する

[データ] タブの一番右にある [ソルバー] をクリックします❶。

⊃ ソルバーを表示する [図7-2-10]

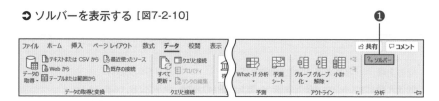

● ソルバーのパラメーターを設定する

　[ソルバーのパラメーター]ダイアログボックスが表示されます。ここに目的関数や変数、制約条件、そして最適化方法などを入力していきます。まずは今回の目的の1つである総粗利益額を求めたいセルとして、[目的セルの設定]にセル S5 を絶対参照で指定します❶。次に、[変数セルの変更]に、変数である商品単価を求める空欄のセル O2 からセル O136 を絶対参照で指定します❷。[解決方法の選択]で[GRG 非線形]が選択されていることを確認し❸、[解決]ボタンをクリックします❹。

⊃ ソルバーのパラメーターを設定 [図7-2-11]

[制約条件の対象]に値が入力されている場合は、その値を選択して[削除]をクリックして削除する

● ソルバーの結果を確認する

　PC のスペックによりますが、数十秒ほど待つと[ソルバーの結果]が表示されます。ここで「ソルバーによって解が見つかりました。すべての制約条件と最適化条件を満たしています。」といったメッセージが表示されていれば成功です。[OK]ボタンをクリックします❶。

➲ ソルバーの結果 [図7-2-12]

ソルバーによって解が見つかりました。すべての制約条件と最適化条件を満たしています。

GRG エンジンが使用されるのは、ソルバーで 1 つ以上のローカル最適解が見つかった 場合です。シンプレックス LP が使用されるのは、ソルバーでグローバル最適解が見つかった 場合です。

● 最適解を確認する

　U 列に、商品単価の最適解がすべての商品に関して追記されていることを確認します❶。また目的関数の結果を見てみると、総粗利益額が 327,785 円となっています❷。最適化前の 271,139 円と比べて 56,646 円増加していることが見て取れます。

➲ 最適解を確認する [図7-2-13]

	K	L	M	仕入単価	O	P	Q	R	S
1		(制約なし)	商品ID	仕入単価	商品単価	売上個数			
2			ID_DA07	85	196.073686	19.9828247			
3			ID_DA08	86	196.573498	19.8929054		総売上額	¥534,950
4			ID_DA43	84	195.573692	20.0727769		総仕入額	¥207,165
5			ID_DA44	82	194.573725	20.2526773		総粗利益額	¥327,785
6			ID_DA55	109	208.073516	17.8239795			
7			ID_DA56	48	177.573706	23.311088		商品単価	
8			ID_DB08	93	200.073576	19.2632192		最小値	165.0735499
9			ID_DB21	95	201.073726	19.083286		最大値	217.5737612
10			ID_DB32	42	174.57344	23.8508549			
11			ID_DB44	79	193.073786	20.5225257			
			ID_DB56			4522119			

● 最適化前後の商品単価と売上個数の平均値を確認する

　参考までに、セル Z3 からセル AB5 に、最適化前後の商品単価と売上個数の変化を入力してあります。最適化前に比べて、最適化後は平均商品単価は上がり、平均売上個数は下がっていますね。つまり、全体的に売上個数は減ってしまうが、商品単価を上げることで売上額を上げよう、という傾向になっているということがわかります。

➲ 最適化の前後を確認する [図7-2-14]

	Y	Z	AA	AB	AC
1					
2					
3			前	後	
4		平均商品単価	150.851852	191.495815	
5		平均売上個数	28.1185185	20.8064126	
6					

実際のところどうなんでしょう。特に今回のような場合、商品単価が上がれば上がるほど、消費者はより買いにくくなるはずです。

もちろん、実際のところは、特に今回のような消費財の場合、商品単価が上がれば上がるほど、消費者はより買いにくくなるはずです。そのため今回の分析のように線形回帰分析の仮定してしまうと、そのような実態に即していない可能性はあります。したがって、より正確にモデリングを行うためには、（線形回帰分析ではなく）「単価が上がりすぎると売上個数は加速度的に減ってしまう」ということを念頭に置いた商品単価と売上個数の関係式を定義したうえで、最適化を行う必要があるかもしれません。
今回は割愛しますが、より正確に分析するためにはそのようなことも必要になるかもしれない、というレベルで意識しておきましょう。

03 制約条件がある場合の最適化

制約条件がある場合の最適化を解いてみよう

　ここまでは、制約条件がない場合の最適化を行いました。ただ、実際には
さまざまな制約があるはずです。たとえば先の例であれば、「商品単価を上
げすぎると逆に客足が遠のいてしまうので、商品単価は仕入単価より100円
以上高くできない」といった具合です。これを図にしたものが[図7-3-1]です。

⬆ 制約条件がない場合とある場合 [図7-3-1]

制約条件なし

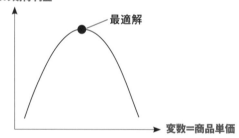

制約条件あり

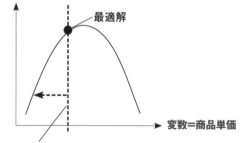

制約条件：「商品単価は仕入単価＋100円以下」

制約条件は、実現場に即した形で定義されるので、通常ここまで単純なケースはない。しかし今回は制約条件がある場合の最適化とはどういうものかを理解するためにシンプルな条件を設定してある

練習用ファイル：chap7.xlsx

実践 制約条件をソルバーで解決する

　今回は、商品単価が仕入単価＋100円より高くなってはならないので、そのような制約条件をExcel上に設定します。chap7.xlsxのchap7-3_制約ありシートのL列からQ列に制約条件がある場合のデータが記載されてあり、今回はQ列に「最大商品単価」として「仕入単価＋100円」の列が追加されています。この列を制約条件として使用しましょう。最適化によって求められた商品単価は、最大商品単価を下回っている必要がありますね。

⊃ 制約条件がある場合の最適化前のデータ [図7-3-2]

	K	L	M	N	O	P	Q	R	S	T
1		(制約あり)	商品ID	仕入単価	商品単価	売上個数	最大商品単価			
2			ID_DA07	85		55.25772	185			
3			ID_DA08	86		55.25772	186		総売上額	¥0
4			ID_DA43	84		55.25772	184		総仕入額	¥565,784
5			ID_DA44	82		55.25772	182		総粗利益額	(¥565,784)
6			ID_DA55	109		55.25772	209			
7			ID_DA56	48		55.25772	148		商品単価	
8			ID_DB08	93		55.25772	193		最小値	0
9			ID_DB21	95		55.25772	195		最大値	0
10			ID_DB32	42		55.25772	142			
11			ID_DB44	79		55.25772	179			
12			ID_DB56	72		55.25772	172			
			ID_DB57	86			186			

最大商品単価 ＝ 仕入単価 ＋100

最適化で計算された最適な商品単価は最大商品単価を下回っている必要がある

● 目的関数と変数セルを設定する

　252ページの[図7-2-10]を参考に［ソルバーのパラメーター］ダイアログボックスを表示します。［目的セルの設定］には総粗利益額の値であるセルT5を絶対参照で指定します❶。［目標値］は、目的関数を最大化するか最小化するかの設定です。今回は［最大値］に設定します❷。変数セルはセル

O2 からセル O136 なので、［変数セルの変更］は絶対参照で「$O$2:$O$136」
と設定します❸。

⊃ ソルバーのパラメーターを設定 ［図7-3-3］

● 制約条件を設定する

制約条件を追加します。［追加］ボタンをクリックします❶。すると［制
約条件の追加］ダイアログボックスが表示されるので、［セル参照］に、変
数セルのセル範囲を設定します。変数セルは「$O$2:$O$136」となります❷。
続いて［制約条件］を設定します。今回はセル Q2 からセル Q136 に制約条
件が入力してあるので、「$Q$2:$Q$136」とします❸。今回は「商品単価 <=
最大商品単価」という制約条件を追加したいので、［∨］ボタンをクリック
して［<=］を選択します❹。ここまでできたら［OK］ボタンをクリックし
ます❺。

⮕ 制約条件を設定する [図7-3-4]

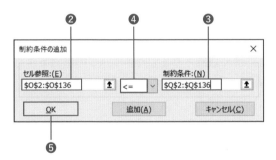

● ソルバーを実行する

[ソルバーのパラメーター]ダイアログボックスに戻るので、制約条件を確認し❶、[解決]ボタンをクリックします❷。

⯈ ソルバーを実行する [図7-3-5]

● 計算結果を確認する

　制約条件が追加された分、計算結果が出るまで時間（数分程度）がかかります。「ソルバーによって現在の解に収束されました。すべての制約条件を満たしています。」といったメッセージが表示されたことを確認し、[OK]ボタンをクリックします❶。

⯈ ソルバーの結果を確認する [図7-3-6]

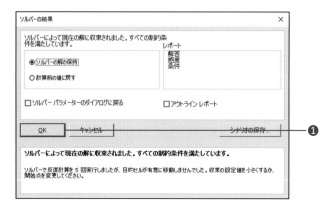

● **最適解を確認する**

　変数と目的関数がどう変化しているか見てみましょう。変数である商品単価を見ると、多くの商品は最大商品単価と同じ値となっており、いくつかの商品は単価が最大商品単価を下回っていますね。このことから、多くの商品はできるだけ単価を上げたい状態になっているという傾向がわかります。

　また目的関数の値はどうでしょうか。総粗利益額は 318,950 円となっており、制約条件なしの場合が 327,785 円、最適化前が 271,139 円なので、制約条件なしよりは低いが、最適化前よりは利益がきちんと増加していますね。

　当たり前かもしれませんが、制約条件というのは文字通り「制約」なので、制約条件ありの最適化結果が制約条件なしの結果よりよくなるということは 100% ありえません。もしそのような結果になってしまったら、何かがおかしいと思ってください。

➲ **最適解を確認する** [図7-3-7]

	K	L	M	N	O	P	Q	R	S	T
1		(制約あり)	商品ID	仕入単価	商品単価	売上個数	最大商品単価			
2			ID_DA07	85	185	21.9750509	185			
3			ID_DA08	86	186	21.7951446	186		総売上額	¥550,063
4			ID_DA43	84	184	22.1549572	184		総仕入額	¥231,113
5			ID_DA44	82	182	22.5147698	182		総粗利益額	¥318,950
6			ID_DA55	109	207.495833	17.9279083	209			
7			ID_DA56	48	148	28.6315847	148		商品単価	
8			ID_DB08	93	193	20.5358003	193		最小値	123
9			ID_DB21	95	195	20.1759877	195		最大値	216.969458
10			ID_DB32	42	141.999999	29.7110227	142			
11			ID_DB44	79	179	23.0544888	179			
12			ID_DB56	72	172	24.313833	172			
13			ID_DB57	86	186	21.7951446	186			
14			ID_DC08	119	212.48195	17.0308744	219			
15			ID_DC32	48	148	28.6315848	148			
16			ID_DC33	63	163	25.9329899	163			
			ID_DC44	60			160			

多くの商品は最大商品単価と同等の単価で、いくつかの単価が最大商品単価を下回っている

総粗利益額は¥318,950（最適化前は¥271,139、制約なしの場合は¥327,785）となっており、制約なしよりは低いが、最適化前よりは利益が増額している

いかがだったでしょうか？ できるだけ数式を排除した形で最適化を紹介しましたが、その概念や考え方自体はそこまで難しくなかったはずです（理論・技術的に深堀りしようと思うと、結構難しくなってしまうのですが……）。

数理最適化のような考え方は、実社会やビジネスでも思考を整理するためのフレームワークとして使えるものだと感じました。

「必ず達成したいもの（目的関数）は何なのか？ それを最大化したいのか最小化したいのか。そして達成するためのレバー（変数）は何か？ 制約条件はないのか？」
といった視点で物事を考えるとすっきりしますよね。またもしかしたら、そのような問題の中で、今回紹介したような数理最適化で解ける問題に落とし込めるものがあるかもしれません。身の回りやご自身の業務でそのような問題がないか、ぜひ考えてみてください。

Tips 単価を動的に変えるダイナミックプライシング

　単価を動的に変えるという打ち手は、最近では「ダイナミックプライシング」などと呼ばれます。たとえばユニバーサル・スタジオ・ジャパン（USJ）のチケット代は、最近では需要や環境状態に応じて日々刻々と変動していますが、それに近いイメージを持つとわかりやすいでしょう。ただ実際に日々刻々と変動するようなダイナミックプライシングをしようと思うと、システム設計なども複雑に絡んできて難易度がぐっと上がるため、今回の例は商品単価の「見直し」程度に捉えておきましょう。

おわりに

　本書を最後まで読み進めていただいた読者の皆さん、大変ありがとうございました。本書では、データ分析設計の考え方から始まり、Excel でできるデータ分析の方法論に関して、基本的かつ重要な手法を解説してきました。特に仮説検定や回帰分析といった統計学的な分析手法に関しては、押さえておくべき原理も、できるだけ数式を使わずに紐解いていきました。また、実務的に押さえておきたいポイントも可能な限り盛り込みました。

　本書の内容を理解でき、新しい発見があった部分もあれば、理解が難しかった部分もあると思います。しかし、一度に本書の内容をすべて理解する必要はありません。私自身も、最初に統計学や機械学習といったデータサイエンスに関する分野を学び始めた際は、たとえば仮説検定や回帰分析といった内容は理解しきれていませんでした。本を何度も読み返して、さまざまな文献や Web 上の情報を収集し、そして何より実際の現場でデータ活用をしていく中で、徐々に理解を深めたのです。実務的に押さえておいたほうがよいポイントやそこまで重要ではないポイントなどもだんだんとわかるようになってきました。とはいえ私も道半ばで、まだまだ学んでいかなければならないなと感じることが非常に多いです。

　ですので、読者の皆さんも、ぜひ本書を読み終えた後は、何かしらの形で「実践」をしてみてください。もしご自分が勤めている会社や属しているチームで、データを使って課題が解決できそうな部分があれば、ぜひチャレンジしてみるとよいでしょう。最初のうちは、データの集計や可視化の実践から入っていくのが現実的かもしれませんし、実際にそれで事足りるのであればそれで十分です。もしまわりの人たちのデータ活用に対する理解や風土が高まり、自分自身の理解が深まってきたら、より発展的な統計手法なども使ってみるとおもしろいでしょう。趣味に関連したデータや、Web 上にあるオープンデータをいろいろと探してみるなど、身近に感じられることから取り組むのもおすすめです。

　また、もし「本書ではちょっと物足りないな」と感じたら、ぜひさらなる学びにチャレンジしてみてください。統計学に関してより難しいトピックを学ぶもよし、昨今話題となっているディープラーニングを始めとした機械学習を学ぶもよし、または Excel だけではなくプログラミング言語である R や Python を学ぶのもよいと思います。巻末に、より学びを深めていきたい方に向けたおすすめの書籍なども紹介しているので、もし興味のあるものがあれば、ぜひ一緒に学びを深めていきましょう。

　とはいえ、データを分析する目的を忘れてはいけません。データを分析すること自体は「目的」ではないのです。意思決定を最適化するための判断材料であったり、ビジネス価値を最大化するためであったり、という「手段」であることを常に意識するようにしましょう。そのうえで、本書を読んでデータ分析に興味を持ち、データを分析、活用することのおもしろさを体感していただき、現場での新たなチャレンジとしてデータ活用に取り組んでいただければ、うれしいかぎりです。

2021 年春　三好大悟

ステップアップにつながる書籍

➡ 統計学に関して、より理解や学びを深めたい方へ

▮ 統計学的発想を学ぶ
『統計学が最強の学問である』
西内 啓（著）、ダイヤモンド社（刊）

▮ 統計学の理論をちゃんと学ぶ
『統計学入門（基礎統計学Ⅰ）』
東京大学教養学部統計学教室（編集）東京大学出版会（刊）

▮ プログラミング言語 R で統計学を学ぶ
『R によるやさしい統計学』
山田 剛史（著）、杉澤 武俊（著）、村井 潤一郎（著）、オーム社（刊）

➡ データサイエンス全般に関しての学びを深めたい方へ

▮ データサイエンスをビジネスに活かす
『戦略的データサイエンス入門
　　　──ビジネスに活かすコンセプトとテクニック』
Foster Provost（著）、Tom Fawcett（著）、竹田 正和ほか（訳）、
オライリージャパン（刊）

▮ さまざまなデータサイエンティストたちの発想を学ぶ
『データサイエンティスト養成読本 ビジネス活用編』
高橋 威知郎ほか（著）、技術評論社（刊）

▮ Excel でデータサイエンスを使う
『データ・スマート Excel ではじめるデータサイエンス入門』
ジョン・W・フォアマン（著）、トップスタジオ（翻訳）、エムディエヌコーポレーション（刊）

▮ プログラミング言語 Python で
　データサイエンスに本格的に入門する
『東京大学のデータサイエンティスト育成講座
　～ Python で手を動かして学ぶデータ分析～』
中山浩太郎（監修）、塚本邦尊ほか（著）、マイナビ出版（刊）

➡ 機械学習に関して学んでみたい方へ

▌機械学習の基本コンセプトを概観する

『データサイエンティスト養成読本 機械学習入門編』
比戸将平ほか（著）、技術評論社（刊）

▌Excelを使って機械学習の理論を深める

『直感でわかる！Excelで機械学習』
堅田洋資（著）、福澤彰吾（著）、インプレス（刊）

▌機械学習をビジネスで使う

『仕事ではじめる機械学習』
有賀 康顕（著）、中山 心太（著）、西林 孝（著）、オライリージャパン（刊）

▌Pythonを使って機械学習を本格的に学ぶ

『Pythonではじめる機械学習
　　── scikit-learnで学ぶ特徴量エンジニアリングと機械学習の基礎』
Andreas C. Muller（著）、Sarah Guido（著）、中田 秀基（翻訳）、
オライリージャパン（刊）

Index

● 著者プロフィール

_____

三好 大悟（みよし・だいご）

慶應義塾大学理工学部で金融工学を専攻。大学卒業後、株式会社データミックスにてデータサイエンティストとして、統計学や機械学習を用いたデータ分析・アルゴリズム開発を中心としたコンサルティングに従事。2020年7月からは株式会社セブン＆アイ・ホールディングスにて、小売や物流・配送などの事業におけるデータ・AI活用を推進。一方で兼業としても活動し、データ分析やAI開発など、データサイエンスに関するアドバイザリ・受託開発・教育活動などにも携わる。

daigo.miyoshi@liber-craft.co.jp

● 監修者プロフィール

_____

堅田 洋資（かただ・ようすけ）

一橋大学商学部を卒業。
2013年7月より米国サンフランシスコ大学のデータ分析学修士コースへ留学。その後、監査法人トーマツにてデータ分析コンサルタント、白ヤギコーポレーションにてレコメンデーションアルゴリズム開発／コンサルティング／データサイエンス企業研修／スクール企画運営。2017年に株式会社データミックスを起業、代表取締役社長として、データサイエンティスト育成を中心事業に展開。

株式会社データミックス

データミックスは「データサイエンティスト育成コース」を軸としたスクール事業や、ビジネス研修、コンサルティング事業を展開する企業。統計学や人工知能、機械学習などの手法を駆使したデータ分析を通じ、ビジネスの戦略設計ができる人材育成を行う。設立以来、約1,500名以上にデータサイエンス関連の教育を提供した実績を有す。データサイエンス領域にかかるサービスを通じて、多くの企業の競争力強化に貢献。

https://datamix.co.jp/

● STAFF

カバー・本文デザイン　株式会社Isshiki
デザイン制作室　今津幸弘
DTP　田中麻衣子
制作担当デスク　柏倉真理子

テクニカルレビュー　石井良平

編集協力　石橋敏行
副編集長　田淵 豪
編集長　藤井貴志

■商品に関する問い合わせ先

このたびは弊社商品をご購入いただきありがとうございます。本書の内容などに関するお問い
合わせは、下記のURLまたは二次元バーコードにある問い合わせフォームからお送りください。

https://book.impress.co.jp/info/

上記フォームがご利用いただけない場合のメールでの問い合わせ先
info@impress.co.jp

※お問い合わせの際は、書名、ISBN、お名前、お電話番号、メールアドレス に加えて、「該当する
ページ」と「具体的なご質問内容」「お使いの動作環境」を必ずご明記ください。なお、本書の範囲
を超えるご質問にはお答えできないのでご了承ください。

●電話やFAX でのご質問には対応しておりません。また、封書でのお問い合わせは回答までに日数をい
ただく場合があります。あらかじめご了承ください。
●インプレスブックスの本書情報ページ https://book.impress.co.jp/books/1119101131 では、本書
のサポート情報や正誤表・訂正情報などを提供しています。あわせてご確認ください。
●本書の奥付に記載されている初版発行日から3 年が経過した場合、もしくは本書で紹介している製品や
サービスについて提供会社によるサポートが終了した場合はご質問にお答えできない場合があります。

■落丁・乱丁本などの問い合わせ先
FAX 03-6837-5023
service@impress.co.jp
※古書店で購入された商品はお取り替えできません。

統計学の基礎から学ぶ
Excelデータ分析の全知識（できるビジネス）

2021年3月11日 初版発行
2024年6月11日 第1版第7刷発行

著 者	三好大悟
監修者	堅田洋資
発行人	小川 亨
編集人	高橋隆志
発行所	株式会社インプレス
	〒101-0051 東京都千代田区神田神保町一丁目105番地
	ホームページ https://book.impress.co.jp/
印刷所	株式会社暁印刷